職場真麻煩

做人比做事難

修訂版

正面思考：65

職場真麻煩：做人比做事難

編　　　著　麥筱晴
出　版　者　大拓文化事業有限公司
責任編輯　林美娟
美術編輯　姚恩涵

總　經　銷　永續圖書有限公司
劃撥帳號　18669219
地　　　址　22103　新北市汐止區大同路三段一九十四號九樓之一
TEL　（〇二）八六四七—三六六三
FAX　（〇二）八六四七—三六六〇
E-mail　yungjiuh@ms45.hinet.net
網　址　www.foreverbooks.com.tw

CVS代理　美璟文化有限公司
TEL　（〇二）二七二三—九九六八
FAX　（〇二）二七二三—九六六八

法律顧問　方圓法律事務所　涂成樞律師

出　版　日◇二〇一七年六月

國家圖書館出版品預行編目資料

職場真麻煩：做人比做事難 / 麥筱晴編著.
-- 二版. -- 新北市 : 大拓文化, 民106.06
面 ;　公分. --（正面思考 ; 65）
ISBN 978-986-411-052-0(平裝)
1. 職場成功法
494.35　　　　106005317

前言

一天二十四小時，扣除睡眠，現代人每天約有一半的時間用在工作上。因此在工作中是否順心、滿足，著實影響生活的品質與心情。同事間朝夕見面，若是相處融洽，不僅辦公室裡氣氛好，做起事來心情也格外輕鬆；同事若成為好友，更能促進彼此的進步和各項工作的順利進行。另一方面，工作上要想獲得老闆的賞識，不但要有業務能力，更要有極高的交際手段。除了避免正面衝突外，在工作中，就算再不喜歡你的老闆，也要試著把他當朋友對待，努力與老闆和睦相處。

如果你身為主管，主管的管理對象是人，要做好管理工作，就要先瞭解下屬的心理、行為、需求等特性，並以此為基礎與同事打好交道，贏得支持並保持必要的權威。

在就業競爭激烈的今天，得到一份理想的工作固然不容易，但想要保住一份穩定的工作則更難。不少人費了九牛二虎之力，好不容易找到一份工作，可是沒有多久又因表現不得力，重新成為失業者。

究其原因，大都是沒有掌握職場和工作的要領，成為合格的員工。學會以更好的方式工作，在職場表現自己，也是為人處世的一個重點。

研究報告指出：「在一年內失去工作的員工中，只有百分之十是因不能勝任工作而被開除的，其餘的百分之九十則是因為不能好好處理人際關係而被解雇。」

在日常生活中，我們常常發現許多能力平平但相貌堂堂、舉止優雅的人，經常比專業知識豐富的人更快獲得提升的機會，甚至把頭腦聰明的人也遠遠拋在後面。

希望本書能帶給你一些有益的建議，使你更輕鬆地融入社會、維持和諧的人際關係，獲得事業發展和生活幸福的一切有利資源。

CONTENTS

2 老闆真的不難相處

3 你是一個好主管

6 注重品德，樹立人格魅力

1.

同事願意和你溝通與合作

一天二十四小時，扣除睡眠，現代人每天約有一半的時間用在工作上。同事間若是相處融洽，做起事來心情也格外輕鬆。

進入新環境

當一個陌生的人來到我們身邊，我們會先觀察他，然後才接納他，這是常理。所以，在剛剛進入新工作崗位的時候，我們應該從容地面對同事有意無意的排斥與觀察。若想儘快和他們打成一片，則必須有耐心和智慧。

一、順其自然

在你和同事之間，本來就沒有什麼牢不可破的障礙，只不過因為陌生，或者僅僅因為自己內心設置的屏障，所以感覺到他們的排斥，實際上未必是事實。

你千萬不要為了儘快投入同事圈，而刻意改變自己去適應別人。比如在言語和行為上故意應和同事，心裡冷淡而表面上卻裝成極熱情的樣子，這樣是沒有必要的，既累又不長久，一旦他們看出你的虛偽，反而會更鄙棄你的為人。

二、利用時間和機會

除了工作時間，休假也是你儘快融入新公司的好時機。假日你可以動動腦筋召集一些有趣的聚會，或者真誠邀請同一辦公室的同事來你家玩，親自做幾道拿手好菜……這都是溝通思想、互相交流的好方法。

三、細心＋關心

假如去收發室拿報紙時，順便就把同事的信和報刊都一起帶回來；中午同事工作忙，正在加班，就主動幫他買午餐；同事病了，下班後打個電話問候一下，誠懇地問他是不是需要幫忙，明天能不能上班等。即便同事不需要你的幫忙，時時抱著善意和助人的心態，那麼也一定會很快地得到認同的。

與同事說話並不難

透過交談，可以交流思想，溝通感情，加深友誼，增強團結，促進工作，激勵鬥志，增長知識，開闊眼界。如何才能使交談順利進行、圓滿成功？這就要瞭解交談中的藝術。

一、不同的對象，不同的話題

與同事談話的內容應該盡可能選擇在座人士都喜歡聽的話題，或是以聚會為討論主題。如果是一個非常輕鬆的場合，與其提起枯燥的專業學術話題，倒不如談些天氣、服裝，或東家長西家短，氣氛反而更融洽。偶爾需要談些詼諧的主題，雖然內容不見得有任何意義，但在不同類型的聚會中，以詼諧主題作為共同的話題，最為貼切。尤其是在談判時，由於時間拉長，將使氣氛越來越緊張，如果能談些輕鬆的話題，必能將層層的陰霾一掃而空。在這種場合如果跳出幾句俏皮話，可能對談判效果更有利。

該如何依據不同的對象改變話題，這是無法經由他人教導能獲得的經驗。試想，若是老用同樣的態度，談同樣的話題，豈不是讓人感覺單調厭煩。政治家有政治家的話題，哲學家們的話題又有所不同，當然，女性們也有屬於自己的話題，而人生經驗豐富的人，必然能如數家珍。能迎合對象，如變色龍般地變幻顏色，選擇話題，這是良好人際關係中不可或缺的潤滑劑。即使自己不刻意找話題，只要對方不是個沉悶的人，彼此之間自然而然便會有聊不盡的話題泉湧而出。但如果在意見相左的團體裡，談話間苗頭不對，唇槍舌劍將會一觸即發，此時應該機靈地岔開話題，結束不愉快的爭端。

二、不獨佔談話時間

首先，在與人談話時口齒伶俐雖然是件好事，但如果獨自一人滔滔不絕地大發議論，別人可是聽不下去的。如果非得長篇大論，至少也要讓聽眾們不會感到枯燥無聊。只有這樣，同事才會樂意地聽你發表高見。即使如此，也還應盡可能地做到長話短說，因為畢竟「談話」的意思就是兩個人說話，不是一個人唱獨角戲。在公眾場合中，獨自一個人講得口沫橫飛者往往很可憐，他為了展現自己的演講才能，在大眾不耐煩聽下去的情況下，不得不強抓某個人——通常都是那些最少張口的人，或是剛好坐在隔壁的人——和他交頭接耳，繼續他的談話。這是相當不禮貌的舉動，非常容易引起別人的反感。

三、全神貫注地聽

不要打斷別人的發言，要讓人家盡情地講，你要恭恭敬敬地聽。即使不同意人家的看法也不可匆忙打斷，要等對方講完再闡明你的意見。要善於傾聽、分析，做到既明白對方談話何時達到高潮，又知道對方言談何時接近尾聲。這樣，你的發言才能適時、穩妥，而無需打亂別人談話，影響他人思路。

四、說話要乾淨利落

交談，是一種有來有往、相互交流思想感情的活動。參與談話的人，不但要聽，而且還要講，全神貫注地聽僅是交談的其中一個面向。談的方式多種多樣，你可採用任何一種：直截了當地陳述事實，提出問題，發表看法；委婉地表示不同意見，進行評論。這些方式都能使談話順利進行。在交談中，儘量少用「是」、「不」、「可能」一類字眼作答，一兩個字無法給人啟示和激勵。設法使別人從你的話中得到鼓勵和啟發，使他感到有動力可繼續講下去。但另一方面，也要防止你的談話變成長篇大論的演講，說話要乾淨利落，簡明扼要。

五、儘量少談論自己

在與同事聚會的場合裡，最糟的狀況莫過於將所有話題全放在自己身上。這一點應極力避免。無論多麼出眾的人物，只要談論自己，自然而然腦海中便會被虛榮心與自尊心盤踞，這樣一來，必將引起眾人的不愉快。既然人人都有表現自己的強烈慾望，你就應該把這種機會多讓給別人，只有這樣，同事才會願意和你交往。

六、跟上節拍

當話題幾分鐘以前已由乒乓球賽轉到籃球賽，如果你再談乒乓球賽，顯然就是跟不上談話節拍了。當大家正興致勃勃地談論籃球賽，而你卻把排球賽塞進來；當大家正評論球類比賽，而你卻談起飛機、大炮一類風馬牛不相干的事情，顯然是離題十萬八千里，會使人啼笑皆非。只要頭腦清醒、目光敏銳，只要跟上談話的節拍，就不會出現那種對方需要你作答、而你卻未聽見的尷尬局面。

七、把握住中心話題

交談中，不要偏離話題。當大家正議論新發明的特效藥，切不要因有人談起他的姑姑是如何服用此藥而得救，你便滔滔不絕地講起自己的姑姑如何如何。如果這樣做，就是不知不覺地偏離了談話的主題。

八、彌補失言

與同事談話，失言總是難免的，特別是在心情過於激動時，更容易發生。由於一時忘了別人的禁忌，忽略了他人的生理缺陷，忘掉了某人的不幸，有傷人家感情的話語，有損人家尊嚴的言詞，有失人家體面的言論，都可能出現。一旦失言，就要視具體情況，採取應急措施，進行彌補。假若過失嚴重，但你和對方很熟，最好趕快道歉，並立即轉換話題。如果接近失言的危險邊緣，則要竭盡全力迅速擺脫，這時特別需要冷靜沉著，莫要驚慌失措，更不要大喊大叫向人家賠禮道歉。他人失言，要幫助補救。對於他想出來的轉移話題，不但要感興趣，而且還要帶頭談論。如果他惶恐不安，不知所措，你還要迅速、主動地找個適當的話題談起來，以幫助對方解脫困境。

別亂說話

俗話說：「一言可以興邦，一言可以亂邦」。

在同事中，正人君子有之，奸佞小人有之。在複雜的環境下，不注意說話的內容、分寸、方式和對象，往往容易招惹是非，授人以柄，甚至禍從口出。因此，說話小心些，為人謹慎些，使自己置身於進可攻、退可守的有利位置，牢牢地把握人生的主動權是有益的。況且，一個毫無城府、喋喋不休的人，會顯得淺薄俗氣、缺乏涵養而不受歡迎。

有的人口齒伶俐，在交際場上口若懸河、滔滔不絕，這固然是不少人所嚮往的。但是，假若口無遮攔，說錯了話，說漏了嘴，也是很難補救的，故說話應講究分寸。在與同事交往時必須注意避免以下錯誤：

一、當眾揭對方的隱私和錯處

心理學研究表明：誰都不願把自己的錯處或隱私在公眾面前曝光，一旦被人曝光，就會感到難堪而惱怒。因此在交往中，如果不是為了某種特殊需要，一般應儘量避免接觸這些敏感區，以免對方當眾出醜。必要時可採用委婉的話語暗示你已知道他的錯處或隱私，讓他感到有壓力而不得不改正。懂得權衡的人只須點到即止，一般都會顧全他人的臉面而悄悄收場。當面揭短，讓對方出了醜，說不定他會惱羞成怒，或者乾脆耍賴，導致很難堪的局面。至於一些純屬隱私、非原則性的錯處，最好的辦法是裝聾作啞，千萬別去追究。

二、故意渲染和張揚對方的失誤

在交際上，人們常會碰到這類情況，講了一句外行話，念錯了一個字，搞錯了一個人的名字等等。這種情況，對方本已十分尷尬，深怕更多的人知道。如果你作為知情者，一般說來，只要這種失誤無關大局，就不必大肆張，故意搞得人人皆知，抱著幸災樂禍的態度，以為「這下可抓住你的笑柄啦」，來個小題大做。這樣不但會傷害對方的自尊心，你也將結下怨敵。同時，也有損於自己的社交形象，人們會認為你是個刻薄饒舌的人，會對你反感、有戒心，因而敬而遠之。所以渲染他人的失誤，實在是一件損人而又不利己的事。

三、不給人留點餘地

在社交中，人的競爭心理促使每個人都希望自己成為勝利者。一個社交經驗成熟的人，在取勝把握較大的情況下，會適當的替對方留點面子，讓他也勝一兩局。尤其在對方是老人、長輩的情況下，若窮追不捨，讓他狼狽不堪，還可能引起意想不到的後果。其他事情也一樣，在團體活動中，你再多才多藝，也要給別人一點表現的機會。即使足智多謀，也不妨徵求一下別人的意見。

四、過早說深交的話

在交往中，結識了新朋友，即使對他有一定好感，但畢竟是初交，缺乏更深切的瞭解，不宜過早與對方深交，包括不要輕易為對方出主意，因為這很可能會導致吃力不討好。對方若聽從你的主意，卻行不通，可能會以為你在捉弄他，即使行之有效，也不一定會為這幾句話而感激你。故除非是好友，否則不宜說深交的話。

五、強人所難

有些事情，對方認為不能做，而你認為應該做；或者對於某事，你已是箭在弦上，不得不發，而他卻認為不該做，或做不了。這時你不可把自己的意見強加到他肩上，「強人所難」是不禮貌也不明智的。

六、說話不看時機

有的人說話旁若無人、滔滔不絕，不看別人臉色，不看時機場合，只管滿足自己的表現慾，這是修養差的表現。說話應注意對方的反應，不斷調整自己的情緒和講話內容，使談話更有意思，更為融洽。

七、說話沒有把握必要的分寸

在辦公室裡，同事每天見面的時間最長，談話可能涉及到工作以外的各種事情，說話不適當常常會帶來不必要的麻煩。

與同事間的談話必須要掌握好分寸：

★在辦公室不要過分吐露自己的煩惱

有許多愛說、性子直的人，喜歡向同事傾吐苦水。雖然這樣的交談富有人情味，能使你們之間變得友善，但是根據研究調查指出，只有不到百分之一的人能夠嚴守祕密。所以，當你的個人危機發生時，最好不要到處訴苦，不要把同事的友善和友誼混為一談，以免成為辦公室的注目焦點，也容易被老闆誤認為你是問題員工。

★在辦公室裡不要抬槓

有些人喜歡爭論，一定要勝過別人才肯罷休。假如你實在愛好也擅長辯論，那麼建議你最好把此項才華放到辦公室外發揮，否則即使在口頭上勝過對方，卻損害了人家的尊嚴，對方可能從此記恨在心，說不定有一天他就會用某種方式還以顏色。

★辦公室裡閒談莫論是非

許多人喜歡在別人背後說壞話，只要人多的地方，就會有閒言碎語。有時，你可能不小心就成為放話的人；有時，你也會成為別人攻擊的對象。這些背後閒談，比如主管喜歡誰，誰最吃得開，誰又有緋聞等等，就像噪音一樣，影響人的工作情緒。為了避免引起不愉快，一定要懂得，該說的就勇敢地說，不該說就絕對不要亂說。

★辦公室裡不要展示自己的優越

有些人喜歡與人共享快樂，但涉及到工作上的訊息時，譬如即將爭取到一位重要的客戶，老闆暗地裡發了獎金給你等，最好不要拿出來向別人炫耀。以免你在得意忘形中，忘了某些人眼睛已經發紅了。

總有人跟我過不去

同事之間，對於工作問題上的不同意見和看法，完全可以直言不諱地進行討論和協商，因為有一整套工作制度在，所以同事之間一般不會因為工作上的爭議而相互記恨、彼此隔閡。

但是，仍有一些與工作有關聯的瑣碎事情，需要好好地處理，因為這些事情處理得好與不好，會直接關係到人際關係的好壞。

一、辦公室的人際關係

現代社會，人人都有自己的個性，難免會發生衝突，不知怎麼搞的，總是有誰跟誰過不去。他們就散佈在辦公室周圍，工作上不得不和他們打交道。衝突的起因是什麼呢？往往都是一些細微爭端，一經引燃後，演變成不共戴天的對立。就算跟你合不來的人，也不可以認定你們對所有事物的觀點都不合。人與人本來就該彼此肯定且欣賞對方的優點。只要心中懷著成見，馬上就會表現在話語及態度上。這麼多跟你合不來的人，也許其實都是自己心理作祟所種下的原因。

二、對男同事多些理解

許多人往往認為男同事應該豪邁大方，有男子氣概，所以一旦遇到男同事焦躁不安、借題發揮的情景，就會感到十分驚訝，並可能認為他是一位心胸狹窄的人。這種想法是錯誤的。因為一個對工作十分努力的人，眼看可以簽訂正式合同卻在商談中失敗時，往往會很頹喪，感到懊惱。遇到這種情況，也難免會把苦悶、懊惱發洩出來，以求得心理上的平衡。在這種情況下，你必須表示出理解和關心，只有這樣做，才能改進和同事之間的人際關係。

三、對女同事多幫助

女同事在工作上遇到困難時，往往需要別人的體諒和幫助。比如一位女同事邊看錶邊歎息說：「要是不加班的話，今天的工作就做不完了。」這時不妨伸出援手，使對方感到有依靠，減輕負擔，提高工作效率。下次當你碰到困難時，她可能會過來幫你的忙。

四、使同事避免犯錯

所謂改進與同事之間的人際關係，當然不僅僅只有理解與關心對方而已，如果察覺同事有犯錯的傾向時，一定要坦誠相告，婉轉地提醒。有的人擔心這樣做會不會撕破情面，造成人際關係惡化呢？猶豫不決的結果，往往是不可避免的重大錯誤和損失。所以，不論對方是年長的前輩，還是同輩，一旦發覺有犯錯的傾向時，用不著多做考慮，直截了當地指出來，以期儘快糾正。

實際上，說出真心話，是對同事的信任、愛護和關心，不但可以使公司避免重大損失，而且可以使同事避免一失足成千古恨。

不同的人，不同的方法

有些人是不容易打交道的，比如死板的人、傲慢的人、自尊心過強的人等等。想要和各類型同事輕鬆相處，需要練就一定的交際功夫，根據對方的性格特點，採取不同的策略，靈活應付。

一、對死板的人，要熱情且有耐心

比較呆板的人總是一副冷面孔。你熱情地和他招呼，他卻是一副愛理不理的樣子。死板的人興趣和愛好比較簡單，不大愛和別人往來。他們也有自己追求的目標和關注的事情，只是不輕易告訴別人罷了。與這一類人打交道，他冷若冰霜，你不必在乎，認真觀察他的一言一行，一舉一動，尋找出他感興趣的問題和關心的事。要是你和他突然有了共同的話題，他的死板將會蕩然無存，而且會表現出少有的熱情。

和死板的人打交道一定要有耐心，不要急於求成。這種人，很注重自己的心理平衡。不願意讓煩人的事干擾情緒。從他們的角度來考慮問題，維護他們的利益，慢慢地促使對方接受一些新鮮事物，逐漸地改變和調整他們的心態。這樣一來，仍然可以建立比較合得來的關係。

二、對過於傲慢的人，可以適當反擊

有些同事身有傲氣，舉止無禮，出言不遜。和這種人打交道，使人如坐針氈，但又不能無視他的存在，非和他接觸不可。這時，不妨減少與他相處的時間，在這有限的時間裡，儘量充分地表達自己的意見，不給他表現傲慢的機會。你提出的問題，非要他認真思考後才能回答。

交談言簡意賅，儘量用短句子來清楚地說明你的來意和要求。給對方一個乾脆利落的印象，也使他難以討價還價，有架子也擺不上。

三、對好勝的人，忍讓要適可而止

這種類型的人狂妄自大，喜歡炫耀，總是不失時機地想自我表現，力求顯現出高人一等的樣子，好像自己永遠比別人強。不分場合的挖苦別人，不擇手段的抬高自己，在各個方面都好占上風，好攀高枝。同事對這種人大多是看不慣的，但為了顧及他的面子，不傷大家的和氣，總是時時處處謙讓著他。

在有些情況下，他爭強逞能，把你的遷就忍讓，當作是一種軟弱，反而更不尊重你，或者瞧不起你。所以對這種人，要在適當時機，挫其銳氣。使他知道，人外有人，別不知道天高地厚。

四、心機重的人，要有防範

心機重的人在和別人交往時，總是把真面目藏起來，希望多瞭解對方，從而能在交往中處於主動地位，周旋在各種矛盾中而立於不敗之地。他們心機較深，也是其來有自的，可能受到過別人的傷害，也可能經歷過挫折和打擊，就因為這樣才會對人總是存著戒備和防護的心態。這種人對事不缺乏見解，不到萬不得已，或者水到渠成的時候，他絕不輕易表達自己的意見。

和心機重的人打交道，一定要有所防範，不要讓他們掌握你的全部祕密和底細，更不要為他們所利用，或陷在他們的圈套之中不能自拔。

五、對口蜜腹劍的人，要敬而遠之

口蜜腹劍的人，又稱笑面虎。如果遇到這樣的同事，不管做什麼事情，都要把握分寸，謹慎細心。要多一個心眼，萬一他要你做的事是一個圈套，你也不必當面翻臉，多思策略、巧妙化解。碰到這樣的同事，最好的應付方式是敬而遠之，能避就避，能躲就躲。

辦公室裡他要親近你，找一個理由立即離開，儘量不要和他共事，如果實在分不開，每天記下工作日記，日後才好有個記錄。

六、對刁鑽刻薄的人，保持相應的距離

刁鑽刻薄的人，是不受同事歡迎的人。這一類人的特點，就是和人發生爭執時好揭人短，且不留餘地和情面。冷言冷語，挖人隱私，手段卑鄙，往往使對方丟盡了面子，在同事之間抬不起頭。這一類人常以取笑別人為樂，行為離譜，不講道德，無理取鬧，惹事生非。

碰到這樣的同事，和他拉開距離，儘量不去招惹他，吃一點小虧，忍受一兩句閒話，也裝作沒聽見，不惱不怒，不自找沒趣。

不要自作主張

研究人員發現，百分之七十五的人與你截然不同。雖然他們之中有的人可能對你一生的成功至關重要，但他們的言談舉止、處世行事卻與你完全不一樣。雖然說不上是好還是壞，但肯定與你不同。

從科學的角度看，你是少數派，其實每個人都是少數派。為了能與行事風格不同的同事溝通、相處，應注意以下幾點：

一、多商量

工作中會遇到許多需要一同完成的事，這時不要自作主張，多和同事商量以取得他們在工作過程中的配合。比如說「這件事，你們看怎麼辦好？」「大家看這樣做行不行？」以確定今後的行動不使他人為難。遇事常與同事商量，不自傲，不自卑，相互尊重，才易達成工作中的合作關係。

二、坦誠

既然是同事，彼此地位相等，談話中就不可表現出高人一等的樣子。如不同意同事的意見，可闡述理由，正面論述，不可語帶譏諷，好為人師。比如有人總愛說：「真奇怪，你怎麼會有這樣無聊的想法？」、「你好好聽著，這件事應該這樣做！」這樣的話語常表達出對他人智能的懷疑與譏諷，會傷害他人感情，難以贏得合作。

三、消除誤解

同事間隨時都可能產生矛盾或意見相左。這時應當面把自己的意見說出，來謀求相互的瞭解和協作，不可背後散佈消息，互相攻擊。在當面交談時，語調要平和，用詞忌尖刻，就事論事，不翻舊帳，不做人身攻擊。儘量當面交換意見，這有利於相互瞭解。

你可以影響同事

良好溝通，使你顯示出獨特的個性，且得到他人所認同，這就表示你的個性已經影響到其他人，甚至有人因為你的個性而改變自己。其實，每個人都希望能用自己的個性影響他人。怎樣讓個性從內心散發出來呢？

一、別太情緒化

不管溝通條件多麼惡劣，都要控制自己的情緒。人們習慣於受到刺激就反擊，造成不必要的情緒對抗。在受到刺激時，很容易便說出與事實不符的話，或刻意針對對方的缺點攻擊而失去理智。在情緒波動時，很容易因為情緒而負氣中傷同事。

二、把注意力集中在工作上

既然溝通是為了便於合作，我們應該把注意力集中在工作上，這件事才是目標。能不能以工作為主，將考驗你抗干擾的能力。當你不贊同某人的行為時，應設法讓他也以工作為主，彼此盡力克服不必要的分歧。

三、主動溝通

主動和同事溝通並不是一件簡單的事。因為多數人都屬於防守型，主動出擊意味著要敞開心扉，一道道地撤除他人的防線。正因為主動出擊不簡單，所以在溝通過程中，別人更能感受到你的個性優點，進而受到你的感染。

四、信守承諾

一個能夠言出即行的人，他人也會尊重你。能夠承諾和信守承諾，正是信心和誠意的絕佳表達。具有信守承諾的個性，別人就會主動接受你。

五、彼此信任

信任就是誠意。經由信任產生的個性可以達到最佳影響力。信任在溝通中能激發出別人最好的一面。人在沮喪時，會做出對他人消極的判斷，從而喪失足夠的信任。信任不是輕信。信任有時也會被出賣。總而言之，信任的動機是純正的，溝通就可以比較順利。

六、先理解別人

這是溝通達成一致的前提。除非先讓別人覺得你跟他們有同感，能理解他們，否則他們不會理解你的。

七、別亂下評斷

個性有缺陷的人，總是不能接受別人坦誠的批評，覺得太傷面子，於是就大聲反擊和無禮輕視，甚至故意讓批評者難堪。他人只好掩藏真心，讓你一錯再錯。亂下評斷，常常讓人啞口無言，溝通也就戛然而止。

八、讓別人辨明真相

在正常溝通中，總有人無意識地傷害到別人。如果是你遭到了傷害，就應該告訴他。讓對方了解真相，只要你不是以報怨或指責的方式要求別人理解，別人自然就會注意到自己的問題，避免再傷害你。

九、勇於承認錯誤

溝通處於僵持局面，兩者似乎無法更進一步時，要看看自己在這條裂痕中應該負的責任，在責任範圍內是不是出了差錯，出了差錯就要勇於承認。

十、避免爭論

在觀點不一致時，可以彼此商量。如果商量無效，面對別人的無理爭辯時該怎麼辦?你應該不予回答，讓事實來說明一切。常常看見處在溝通中的人，因爭論不休而偏離目標，最後發現除了爭論這件事之外，重要的事情都沒做。

十一、別比較

任何輕視、評判、拒絕都將是溝通的阻礙，更可怕的是和別人比較。他人現在條件沒你好，如果在相同條件下，別人可能做得比你更好。

應酬中學會應酬

應酬不只是吃飯喝酒而已，日常生活中的應酬是一門人情練達的學問。

為人處事有許多事需要應酬：張三結婚，李四生日，王五得了貴子，馬六升了職……這些事要躲當然也能躲開，但別人會說你不懂得人情世故。善於社交的人，常常會伸長耳朵打聽這些婚喪喜慶之事，幫幫同事、送禮請客，皆大歡喜。這些又不關他的事，有什麼好幫的？因為他把日常生活中的應酬，看作是一門人情練達的學問。

應酬是社交藝術的一環，只有善用心思的人，才能達到聯絡感情的目的。一位同事生日，有人提議去唱歌，你也樂意前行，可是去了以後發現，這麼多的人都來為他慶生，為什麼你生日的時候他們都沒來熱鬧一番？這就是問題所在，說明你的人際關係還做的不夠。不妨積極主動多找一些藉口辦活動，在應酬中學會應酬。

比如領到獎金又適逢生日，你可以邀請同事：「今天是我的生日，想請大家吃頓晚飯，記住了，千萬別帶禮物。」在這種情形下，不管同事們過去和你的關係如何，這一次都會樂意去捧場，你也一定會讓他們留下好印象。

對於應酬這件事，一定要入境隨俗。如果公司文化中，升職者有宴請同事的習慣，你一定不要破例，因為若不請就會落下小氣的名聲。如果大家都沒有請，你卻獨開先例，同事們會認為你太招搖。所以，儘量要參考公司文化來應酬。

當別人邀請你參加應酬時，還有去與不去的問題。收到了邀請，不答應當然是不妥的，但答應之前一定要三思而後行。能去就儘量去，不能去就千萬別勉強。同事間的送舊迎新，由於工作的調動，要分離了，可以去送行；有新同事到職，可以去歡迎。數年來工作中建立了一定的情緣，去歡送老同事合情合理；同理，歡迎新同事也該去湊個熱鬧。

應酬有時包含了送禮，這是同事之間的禮尚往來，也是建立感加深關係的方法之一。同事幫你的忙，事後選一份禮品登門致謝，既還人情，又加深感情。同事間的婚嫁喜慶，根據平日的交情送份賀禮，既添喜慶的氣氛，又加深人緣。像這種情況，送禮時要留意輕重，禮數到了就夠了，千萬不要買過於貴重的禮品。

同事間送禮，講究的是禮尚往來，今天你送我，我明天再送你。所以，只要不是太難以接受，應來者不拒，一概收下。他人來送禮，你執意不收，豈不叫人沒有面子？倘若覺得送禮者別有圖謀，但推辭又有困難，既然不能硬把禮品推出去，那麼可暫時將禮品收下，然後找一個適當的藉口，再回送相同價值的禮品。

實在不能收受的禮物，除婉言拒收外，還要誠懇的道謝。而若是那些非常理可度之大禮，在可能影響大局或令你無法堅持原則的情況下，寧可不收，也比日後落個受賄嫌疑強。這叫做「君子愛禮，收之有道。」

我不是馬屁精

讚美同事，是交往過程中的語言和行為藝術，絕對不是隨意脫口而出的奉承和恭維，也不是馬屁之輩的討好和獻媚。讚美必須有一定的道理，還有心照不宣的規則，更要有耐人尋味的技巧。

一、時間上

生活當中，同事、朋友或家人的優點，隨時都可能展現，而且總是出現在某個稍縱即逝的溝通過程之中。所以，一個懂得讚美的人，總是能抓住時機，奉獻讚美，贏得對方和在場者的好感，產生一種征服人心的效果。

二、內容上

讚揚多半發生在雙方面對面的情況之下，所以內容要具體，對象要分明，有時儘管並沒有直接提到你想讚美的人，但對方早已心照不宣地知道你指的是誰了。

三、動機上

讚美人的時候，這個人必須的確有值得讚美的地方，令我們想對他表達欣賞和欽佩之意。從動機上來說，需要的是純真；從態度上來看，需要的是誠懇。如果不是出於真誠，會給人一種虛情假意的印象，招致居心不良的懷疑。這樣的讚揚不但不能得到回報，甚至還會招致冷遇和厭煩。

俄羅斯詩人普希金從皇村學校畢業後不久，便創做出第一篇敘事長詩——《魯斯蘭和抑德米拉》。這首詩詼諧有趣，輕靈活潑，很受讀者的歡迎。著名的俄國大詩人茹科夫斯基讀完此詩後也忍不住激動和喜悅，他把自己的相片贈給昔日的學生普希金，並在照片的背面寫道：「致我勝利的學生。他失敗的老師贈——在他完成《魯斯蘭和抑德來拉》之後最莊嚴的日子。」

四、程度上

讚揚對方的關鍵就是要實事求是。恰當的讚美，是極有分寸感的。《登徒子好色賦》中：「增之一分則太長，減之一分則太短」，用來說明掌握讚揚的分寸，的確是恰如其分。

有效的說服同事

在與同事交往的過程中，難免會出現意見分歧和需要說服對方的情況。在這種時候，有效的策略是什麼呢？以下經驗值得借鑑：

一、注重感情

人是十分珍視感情的，在人與人的接觸和交往中，感情的作用十分重要。說服人的時候，首先要營造一種平和、溫暖或是熱情、誠懇的氣氛。

有人說，再雄辯的哲學家也不容易說服不願改變看法的人，唯一手段是先使他的內心軟化。其道理就在這裡。在對方內心抗拒情緒比較強的情況下，先讓他們發洩一下是對的，因為這樣的發洩不只是情緒宣洩，還可以讓他們原來的問題更清楚顯現。這時，因為事情已經過火、過頭，也因為走得越遠，錯誤越容易暴露，他們開始意識到自己錯了，便願意自我修正了。

二、以退為進

心理學上的名片效應，是指與人接觸時，要先介紹自己的情況，讓別人先瞭解自己，繼而取得信任。換句話說，想取得信任，就應該先讓人認同你是自己人。這種方法，可以消除對方的防禦心理，產生認同感。

然而當兩方處於對立地位的時候，想在對立的認知上達成共識，就沒那麼容易了。但如果轉換一下思考的角度，取其可取之處加以肯定，先轉化對方的心理和情緒，然後再進行理性說服，就容易有效果了。

另外還要先按對方的思維方式和行為途徑去推理，一直推到錯誤之處，並以此得出結論——此路不通。站在對方的思想角度說理，比較容易被接受。

三、尋找溝通點

實際上，無論從心理、感情，還是從理性的角度出發，都可以找到雙方的共鳴之處，那就是溝通點。共同的愛好、興趣，共同的性格、情感，共同的方向、理想，共同的行業、工作……等等，這都是很好的溝通媒介。要知道，對方哪怕是向我們的觀點邁進一小步，他們的立場、態度、認知，都會發生顯著的變化。

四、權威的數字

在心理學上，所謂權威性偏見的意思是指在面對權威時產生的過分崇拜性偏見。人們在聽到、看到權威時，往往只看到當下那一面，而並不瞭解它的另一面，所以會發生盲目追隨的狀況。

問題在於，大部分人們並不是很清楚這一點。只要用權威的方式說話，人們就信服；拿出權威的數字，人們就很少提出質疑。這樣一來，在一定的條件下，適當引用權威的語言或材料，也會產生說服的作用。比如：「事故多發地段，請注意安全」和「提醒您，這裡一個月有三人死於車禍。」顯然後者的作用會大得多。

五、歸納法

這是一種提供多種事實，讓對方自己去分析、歸納的方法。對於立場對立的人，採用只擺出事實不給結論的方法，更容易被接受。

六、對比法

擺出正反兩個方面的事實，讓對方自己去判斷是非對錯，或讓他們跟著我們的觀點一起去判斷。這也是一種好方法。

七、以小見大

思想是有差別、有層次的，講道理也應有層次。缺少循序漸進的層次，一下子跨越幾個台階，會讓人感到道理離得很遠，接受不了。說服者應擅長從小故事中講述寓含著的大道理，於身邊事物中帶出易於理解的定律，於表象中挖掘可觸摸的深意。

八、反詰設問

把大道理分解成若干個問題，用問話的方式提出。一則引發興趣，啟發大家共同思考；一則用以創造出平等和諧的氣氛，使人覺得不是在灌輸大道理，而是在共同探討問題。這種方法，變聽為想，變被動接受為主動反思，在拋磚引玉、換位思考中，讓繫鈴人自己解鈴。

九、迂迴引導

正面一時講不通，不妨旁敲側擊。講大道理很重要的一點，是要學會剝繭抽絲，逐步引導，層層深入，最後圖窮匕見，將大家的思想統一昇華到新的高度。有時也可借題發揮，講出醉翁之意不在酒的道理。這樣可以避免把講道理變成簡單的演繹論證，使對方易於接受。

十、點到為止

話講得太囉嗦就讓人厭煩，聽不進去。有些人生怕別人聽不懂，翻來覆去地講同一個道理，結果適得其反。正確的方法是，應該視情況因人出發，針對實際要講的內容，該講的一定要點到，同時又要注意留下充分思考的時間，讓對方去消化。

十一、言行合一

有時對方之所以不服，很重要的一點就是講道理的人自己做得不好。做得好才有說的資格。把單純的講道理變成行動邊講邊做，讓人在看的過程中更信服，自覺地接受說服。只有這樣，才能收到無聲勝有聲的最佳效果。

同事是最好的幫手

人們在運用關係辦事時，總認為同事之間只存在猜疑和忌妒。實際上，這是一個錯誤的認識。

現代社會中同事之間更需要同舟共濟，因為在一起共事，友誼會自然而然的產生，人和家人相處的時間與和同事相處的時間幾乎差不多，如果在辦事時不會利用關係，不但做起事來費勁，還容易讓人覺得你沒有人緣。

每一個人都有表現自己的慾望，請同事幫忙，就等於為他提供了一次表現個人能力的機會。即使遇到困難也得辦，即使有時擔心主管不滿也得辦，藉此機會在同事心目中建立起急公好義的好形象。每個人都會感到自己有一份責任和義務，因此找同事幫忙不要有太多顧慮，該開口時就開口。

那麼，該怎樣利用同事關係辦好事情呢？

一、要有誠意

同事之間瞭解的比較多也比較深，如果找同事幫忙躲躲藏藏又神神祕祕，不把事情說明白，容易使同事產生你不信任他的感覺。因此，找同事幫忙就要先說明究竟要辦什麼事，坦言自己為什麼辦不了，為什麼要找他。這樣，精誠所至，同事只要能辦到，一般是不會回絕的。

二、要客氣

同事不是朋友，一般都沒有太深的交情。因此說話一定要客氣，而且要以徵詢的口氣與之探討，請他幫忙想辦法。受到如此的尊重，同事如果覺得事情好辦，自然會自告奮勇去辦。幾句客氣話，省去許多麻煩。

託人幫忙，即使是關係很密切的人，措詞、語氣也要適度，不要用命令的口氣，如「你必須幫我辦」、「一定要完成」等，這樣說有時會強人所難，讓人難以接受。應該要說：「請儘量幫我一把」、「最好能幫我」，給對方留下一些空間。如果是當時難以答覆的問題，就要說：「過兩天給我一個消息好嗎？」或者「到時我去找你，請你費心」等，託人幫忙要替對方留下一段充分考慮和商討的時間，讓人可進可退。

三、有些事不能找同事

自己能辦的事儘量自己去辦，因為連一點小事都要人幫忙，會使人感到你不把對方當回事，結果可能耽誤了正事，又影響了同事感情。需要請客送禮的事不要託同事幫忙；如果同事必須託人，或是大費周章才能辦到的事，也不可求同事幫忙。和同事利益相牴觸的事更不能找同事去辦，即便這利益涉及的是另一個同事。

四、求同事幫忙要使用適當的語言

求同事幫忙時，語言技巧有著難以估計的作用，能言善道會使你順利地達到目的。求同事幫忙，既要看對方的性格，又要注意時機和場合。對於性格外向，擅長交際的人，就算在辦公室交談，他也會暢所欲言；而性格內向，膽小敏感的人就應當換一個環境，到室外單獨去談才比較合適。

求同事時，不能一味談自己的事，把自己的請求向對方說明後，最好先誠心誠意地聽取別人的意見。善於求人者，通常很注意禮貌用語，不用不合時宜的言辭，因為不得體的言辭，往往會傷害別人的感情。常言道，君子一言，駟馬難追。即使事後想彌補，那也來不及了。所以，在求人辦事的過程中，使用語言時要注意以下幾個方面：

★不說不中聽的話

求人時要使對方產生好感，你必須言語和善。尤其是心直口快的人，更要深思慎言，不說讓人討厭和惹人不快的話，那樣會事與願違的。

★不要說沮喪的話

一般求人，都是處在無奈的時候。只有在出現困難。如：婚姻不和睦、事業不順利、沒有工作的時候，才會去求人。這些事情往往使人心力交瘁，情緒低落，會有意無意的說一些情緒沮喪的話，這是不得體的。因為說這些話容易帶給人一種壓抑的氣氛，引起對方的不快，也易形成你們的話不投機。

★不要說貶低自己的話

有人喜歡貶低自己來抬高別人，孰不知你的謙虛有時在對方看來卻是一種畏縮。謙虛要用對地方，不能自貶的時候，還是實事求是為好。

★不要說擔心、懷疑對方的話

求人辦事者，往往意願都比較迫切，因此容易說一些急於求成、催促對方的話，或猜疑對方能力和身份的話，表現出自己的擔心和情緒低落。這些話暴露的多是負面意識，因而也會產生負面效應，應盡力避免。

★不說模稜兩可的話

既然是求人辦事，就把話挑明，以引起對方的共鳴。說話模稜兩可，會使人打不起精神，使對方失去興趣，這也是求人辦事的大忌。

託人辦事，態度要誠懇，應儘量向對方說明自己做這件事的目的、作用，把事情的原因、想法告訴對方，說話不要支支吾吾，不要讓對方覺得你不相信他。

你辦得到嗎

肯幫助別人，才能得到別人更多幫助。為了在平時獲得好人脈，與同事的關係更密切，有機會時，應儘量幫同事的忙。

但是在某些情況下，有些事情是不能隨便答應幫忙的，要掌握一些技巧，把握一些原則。

一、千萬不要答應自己辦不到的事

當同事或親友託你辦某事時，當老闆委託你做某事時，請你千萬不要不假思索地滿口應承。至少也要冷靜一分鐘，在大腦中轉個圈子，考慮這件事自己能不能辦得好。把自己的能力與事情的難易程度以及客觀條件是否具備結合起來考慮後，再做決定。

幫同事或親友的忙，可能是應盡的責任，如果不幫忙，會感覺情理上說不過去，有時事情儘管很難辦，也不得不勉強答應；對於老闆委託的工作，雖然不樂意，但又不好拒絕。

這種搪塞性的應承，可能會對自己產生不利。你可能沒有考慮到，如果為了一時的情面接受自己根本無法做到或無法做好的事情，一旦失敗了，同事、親友、老闆根本不會考慮到你當初的熱忱，只會以這次失敗的結果來評價。

如果，你認為這是主管拜託的事不好拒絕，或者害怕拒絕會引起老闆不高興而接下來，那麼此後你的處境就會更艱難。

所以，辦事要量力而為，自己感到做不到的事，要勇敢地鼓起勇氣說：「對不起，我實在無能為力，您是否可以另找別人？」或者「實在抱歉，我能力有限，只能讓您失望了。我想，如果我硬著頭皮答應，將來誤了事，那才真對不起您啊！」這樣，才是真正會辦事的人。否則，將來丟臉的肯定是你。

二、有些事不能亂幫忙

在這個世界上，我們畢竟不能獨來獨往。辦自己的事情時，有時要涉及別人的利益。因此，在處理事情的過程中，必須全盤衡量，把握分寸，協調好各方面的利害關係。

在爭取自己利益的同時，絕不能傷害他人。有些事情，可能違法、違情、違理，使自己或別人遭受名譽、經濟或地位的損害。當有人違背你的人格信念而託你辦事時，你也絕不能貪圖一時之利，而不負責任地答應他、縱容他，一定要慎重考慮可能引起的後果。如果有人想整別人，編造假的事實，求你出面作偽證，或者有人想找你一起做違法亂紀的勾當，如果你不想與其同流合污，就應有勇氣拒絕這類無理的要求。

另外，有人請你代勞完成工作時，如同事把份內工作往你身上推，此類情況都應拒絕。因為，每個人在公司裡都扮演著不同的角色，每一個人都有自己的責任和義務。如果他們不能或不願完成工作，而你為他們分擔了責任，那就是你害了他們，因為那樣做助長了他們的依賴性。

的確，拒絕別人的要求是件不容易的事，大家都有體會。不過，當你經過深思熟慮，知道答應對方的要求將會替你或他帶來傷害時，就應該拒絕，而不要為了面子問題做出違心的事來，結果對雙方都無好處。

三、拒絕往往比承諾更難

一些比較不錯的同事託我們辦事時，為了保全面子，或給對方一個台階，往往對對方提出的要求，不加分析地全盤接受。

但不少事情並不是你想辦就能辦到的，有時受到各種條件、能力的限制，有些事是很可能根本辦不成。當然，拒絕別人的要求也的確是件不容易的事。

一位教授說：「央求人固然是一件難事，而當別人央求你，你又不得不拒絕的時候，也是叫人頭痛萬分的。因為，每一個人都有自尊心，希望得到別人的重視，同時又不希望別人不愉快，因而也就難以說出拒絕的話了。」

的確，在承諾與拒絕兩者之間，承諾容易而拒絕困難，這是誰都有過的經驗。有人託你辦一件事，這人必有計劃而來，他已準備好怎樣說。但你這方面卻一點準備都沒有，所以他可是穩佔上風的。

他請託的事，可為或不可為，或者是介乎兩者之間，你的答覆會是怎樣呢？許多人會採取委婉拒絕的手法。

「讓我想想看，好嗎？」這話常常會被運用。如果別人請託的事，你權衡考慮之後，認為自己實在沒有能力去辦，或辦起來非常為難時，就要坦誠拒絕，說明理由。但態度可以溫和些，方式可以委婉些。

需要記住，現在大多數人都喜歡言出必行的人，卻很少有人會用寬宏的尺度去諒解你不能履行某一件事的原因。因此，拿破崙說：「我從不輕易承諾，因為承諾會變成不可自拔的錯誤。」

2.

老闆員的不難相處

想獲得老闆的賞識，不但要有業務能力，更要有極高的處世手段。要學會適當退讓，不要針鋒相對，避免正面衝突。再不喜歡你的老闆，也要試著把他當朋友對待。

怎樣瞭解你的老闆

與老闆保持良好人際關係對任何員工來說都是非常重要的。對這個問題，人們往往有兩種錯誤傾向：一種認為，處理好上下屬關係是老闆的事，我既是他的下屬，就應該由他來賞識我、器重我，激發我的積極性，我只要專心工作就行了，不用去操這份心。誰知到頭來自己工作做得不少，卻吃力不討好，只能感歎工作好做，人事難處了。

一、學會聽

與老闆交談，是發展關係的重要形式。在聽老闆說話時，我們總是非常緊張，想聽出話語中對自己是肯定還是否定，是抑貶還是褒揚等等訊息，或忙著思考自己的應對話語，往往沒聽清老闆正在說的事情。

正確的做法應該是不僅聽清楚老闆所談一切，而且要聽清楚他說的意思。這就意味著你必須能概括他談話的所有重點，並做出應對。要做到這一點，你應該消除所有的緊張，把注意力集中在老闆的談話中。當你的老闆講完後可以稍作靜思，以示你對講話內容的思索。然後，向他提出一兩個用以澄清談話要點的問題，不一定是複雜的問題，即使是答案很明確的是非題也可以，意在強調你注意並把握了他的談話要點。或者用核對理解的措辭，把他的談話概括地說一下。

二、學會簡單報告

向老闆報告情況，簡短是必要的。簡短並不意味著將一大堆訊息用連珠炮式的話語口若懸河地說完。簡短意味著有選擇的、簡潔的、清晰的。

將一份備忘錄壓縮在一頁之內，這是個很好的主意。如果一定要寫詳細的報告給老闆，那麼最好用一頁篇幅將整個報告的內容概括，並置於全文之首。一篇好文章反映的不是善於寫作的能力，而是善於思考的能力。想得透徹，才能寫得明瞭。因此，無論寫什麼報告都要把問題想透徹，然後再動筆。這是使報告簡潔明瞭，使老闆願意花時間看的重要因素。

三、提建議的要訣

如果想提出一個能讓老闆接受的觀點或建議，就應該認真整理你的論據，按最有利於闡明觀點的方法逐一呈示出來，並盡可能表達出你的主張。提供給老闆多個方案選擇是個好方法，並分別說明各個方案的長短利弊，讓老闆去權衡。這種提供建議的方法，可以讓主管做出最終決定，同時也迫使你對問題的思考更透徹，結果對兩者都有好處。

不要直接反對老闆所提出的提議。他也許只看到了長處而忘了考慮缺點，或者他嫌麻煩而沒先聽聽你的建議。不管怎麼，如果你認為他的提議不合適，應將你的意見變通成問題提出來，讓他斟酌。如果有老闆沒掌握到的數據來說明反對意見，那就更好了。

四、為老闆塑造形象

及時向老闆提供訊息，使他保持不斷的訊息更新；儘量在會前提供所需的事實，以便他與別人談論時引用。無私地貢獻你的主意和設想，從長遠來說，你是不會損失什麼的。有人曾經說過：「一個樂意無私奉獻，讓別人享用成果的人，就能產生出很多有利於這個世界的點子和主張。」從某種意義上講，當你的老闆有一個良好的形象時，你的形象也就跟著提升了。

五、獨立解決問題

記住：你能為老闆所做最好的事就是做好你的工作。一個有能力的老闆通常是樂觀主義者，他也希望員工有相同的素質。積極進取的行為不僅僅是一種策略，而且是一種內在素質所表現出來的行為姿態。一個富有經驗的下屬，在他的語言中很少用到「困惑、危機、挫折」一類詞語，而會把困難的情勢看成「挑戰」，並設計出迎接挑戰的計劃。

獨立地排除你所面臨的困難，不僅可培養有效工作的能力，開拓有效工作所需要的門路，而且還能提高你在老闆眼中的價值。當你發現自己無法完成某項工作時，應及時向老闆說明情況，因為這種情況下對他造成的麻煩，會比以後才知道要少得多。

六、瞭解你的老闆

對於老闆的工作習慣、生涯目標、愛好與厭惡等等，你都應該瞭解。如果老闆是一個體育運動愛好者，那麼就儘量不要在他所支持的球隊輸球後第二天早晨，即去請示一個等待解決的問題。一個精明老練有見識的老闆，會很欣賞這個能預見他願望與心情的下屬。

適當的報告等於溝通

作為老闆，如何判斷下屬是否尊重他的重要因素，就是下屬是否經常向他報告工作狀況。心胸寬廣的老闆對於下屬很少向他報告工作也許不太計較，還會好心地替他們辯解：可能是我這段時間心情不好，表現在言談舉止上，導致他們害怕來向我報告，等等。但對於心胸狹窄的老闆來說，如果發現這種情況，他就會做出各種猜測：是不是這些下屬看不起我？是不是這些下屬不買我的帳啊是不是這些人聯合起來架空我？一旦這種猜測被認定，他就會利用手中的權力來捍衛自己的尊嚴，從而做出對下屬不利的舉動。

因此，作為下屬要學會透過適當的報告與老闆加強聯繫。

一、學會報告

在工作中，主管和下屬往往容易形成一種矛盾，一方面下屬都願意在不受干擾的情況下獨立做事，另一方面主管對下屬的工作總不放心。那麼，誰是矛盾的主體呢？這就要看下屬和老闆的工作內容、工作範圍，甚至工作職責。凡事多報告，這對於資深且能力很強的下屬來說，既表現出對老闆的尊重，也有利於工作的順利開展。

聰明的下屬懂得：完成工作時，立即向老闆報告；工作進行到一定程度，必向老闆報告；預料工作會拖延時，應及時向老闆報告。

二、報告的技巧

報告工作要講究一定的邏輯層次，不可講到哪兒算到哪兒。一般來說，報告要抓住一條線，即該項工作的整體思路和中心要點；展開一個面，即分頭敘述相關工作的做法措施、關鍵環節、遇到的問題、處置結果、收到的成效等內容。通常，報告者可將與自己主管相關或工作掌握度較高的某項工作提出來先講，抓住工作過程和典型事例加以分析、總結。報告的內容最能反映你的工作特色。如果報告過程出現失誤，比如對情況掌握不足，或漏掉部分內容，歸納總結不夠貼切等，可藉由向主管提供背景資料、舉辦現場參觀活動、或利用其他接觸機會與主管交流的方法，對報告進行補充和修正，使其更加周密詳盡。

作為下屬，要不要經常找老闆談談，報告自己的工作呢？

三、要把握好分寸

這也常常是人們在工作中難以把握的一件事。如果經常找老闆聊聊，固然可以使其瞭解自己的工作情況和能力，加深對自己的印象，但是找多了，有時也常常會招惹其他主管的煩心，以致於討厭自己。而且，也容易給同事們一個愛拍老闆馬屁，或喜歡走高層路線的壞印象。也就是說太常找不好，但完全不與老闆接觸，也不是明智之舉。應當適度，不過分。那麼，其中的分寸在哪兒呢？

首先，重點在於自己的工作狀況和進度。當自己的工作已經取得了初步的成績，達到一定的階段，並進入下一個開始，這時向老闆報告前一階段的工作和下一步的計劃是十分必要的，使老闆能夠瞭解你的工作成績和將來的發展，並給予必要的指導和幫助。

其次，如果你的工作性質本身決定了你必須經常找老闆聯繫、報告工作，那麼就不可因其他顧慮而不報告，否則只會讓老闆覺得你不稱職。如果你的工作性質與老闆不是直接聯繫的，就沒必要經常找老闆報告，否則容易招惹人們的猜測懷疑，以及主管的想法。

再次，在於你與老闆的私交如何。如果你們之間私交很深，那麼不妨把標準放寬一些。如果僅僅是泛泛之交，則不要太隨便。

實際上，讓老闆過於瞭解自己也並非是一件好事。接觸多了固然可以知道你的長處和優點，但同時也更清楚你的缺點和不足。所以保持適當的距離，往往可以產生意想不到的效果。

真正明智的主管和老闆完全可以、而且能夠及時客觀瞭解下屬的種種情況，對這樣的老闆，與其靠報告加強他對你的瞭解，還不如好好工作，用成績去贏得老闆的賞識。報告只是一種形式，更重要的是你所報告的內容是不是真正讓老闆感興趣，是不是真正有意義，這才是關鍵。

和老闆應酬

有些人常認為自己不擅應酬，意思是不願意或不太懂應對之辭，所以在現實生活中不大喜歡交朋友。

比如說，今天是新工作第一天，不免要和周圍的同事們自我介紹，簡單地說法是：「我叫某某某，請多指教。」

但最好是說：「我是今天剛來上班的某某某，在會計室負責出納，以後請多指教。」說明你的工作職掌很重要。

如果你說：「我是某大學會計系畢業，曾在某單位當過會計主任……」這樣就稍微過分了。凡是良好的應酬，都應避免自大或太多的解釋。

例如，你今早上班遲到了，於是你向主管解釋遲到的原因：「今早中山北路發生車禍，公車堵在路上動彈不得，我只好半途下車去找計程車，但計程車被別人攔走，等了好久才找到一部……」車禍、堵車、計程車都是原因，而遲到卻是結果，你的老闆一定不耐煩聽這些解釋。下面有兩個答案，你看哪一個比較好吧。

★今天公車出了毛病，所以遲到了，非常對不起。

★今天遲到了，非常對不起，因為公共汽車半途出了毛病。

上面兩句說明，原因與結果互相倒置，聽起來一樣令人舒服。但在大多數場合裡，原因與結果哪一個排在前面，關係極大。利用遲到作為應酬技術的試金石，成功還是失敗，很快就見分曉。

應酬不是愚弄，不是欺騙，它是現代社會生活中不可或缺的重要技巧。有人認為應酬是誠意問題，和技術無關。這種見解不一定全對，因為即使有誠意，怎樣才能把誠意傳達給對方呢？這確實需要技術了。

比如，主管把部下叫來說：「請你今天把這些工作做完，好嗎？」

部下望著那小山般的公文，搖搖頭說：「這麼多，叫我怎能做得完？」

這樣的回答，真是太不合格了。公文雖然堆積如山，也可能很快辦完。或許你真的有辦不完的理由，但當你說：「今天無論如何也做不完」時，假如老闆說：

「什麼？連這點小事也辦不好，要我來做給你看嗎？」到這種地步，彼此就很難收場了。當然，作為老闆，用那些話去駁斥部下也是不合適的，大可改為：「你試試看，好嗎？」

在下屬這一方，如果答覆時改為「好的，我儘量做看看」，情形便不同了。因為你只是「儘量」而不是「保證」，實際上你並沒有給予肯定答覆。你可以設法快快做，到下班時若真的做不完，這時老闆看到，也就不以為意了。因為老闆的自尊心得到了維護之後，可能有兩種回答：一確實太多了，明天再做吧。二我叫某某來幫你吧。

你是老闆信賴的人

在公司裡面，與工作有關的晉升、調薪、職稱等涉及人生前途的事，都離不開主管的幫助。而且，由於老闆交際廣、關係多，很多我們難以辦到的生活私事也可以請老闆幫忙。所以，保持好與老闆的關係，對事業的發展、理想的實現、人生的幸福，有著重要的作用。成為老闆信賴的人，是我們應該精心研究的課題。

一、維護老闆的權威

中國人酷愛面子，視權威為珍寶，有「人活一張臉，樹活一層皮」的說法。而老闆則尤其愛面子，很在乎下屬對自己的態度，往往以此作為考驗下屬對自己尊重與否的重要指標。面子和權威之所以如此重要，根本原因在於它們與老闆的能力、水平、素質有著密切關係。得罪老闆與得罪同事不一樣，輕者會被批評或者大罵一番；遇上素質不高、心胸狹窄的老闆可能會打擊報復，暗地裡給你難看，甚至會一輩子打壓你在公司的發展。現實生活中有些人總是有意無意地損害老闆的權威，常常刺傷老闆的自尊心，因而經常受到冷落和報復。從與老闆相處的角度來講，不慎言篤行，一旦頂撞了老闆，就會影響你的進步和發展。為維護老闆的權威，必須做到以下幾點：

★老闆理虧時，給他留個台階下

常言道：得饒人處且饒人，退一步海闊天空。對主管更應這樣。老闆並不一定是正確的，但老闆又都希望自己正確。所以沒有必要凡事都與老闆爭個孰是孰非，給老闆一個台階下，維護老闆的面子。

★老闆有錯時，不要當眾糾正

如果錯誤不明顯無關大礙，其他人也沒發現，不妨裝聾作啞。如果老闆的錯誤明顯，確有糾正的必要，最好尋找一種能使老闆意識到而不讓其他人發現的方式糾正，讓人感覺是他自己發現了錯誤而不是別人指出的，如一個眼神、一個手勢甚至一聲咳嗽都可能解決問題。

★不頂撞老闆的喜好和忌諱

喜好和忌諱是人們多年養成的心理和習慣。老闆也是普通人，他也有自己的喜好和習慣。所以我們要尊重老闆，就要考慮到這些方面。

★要與老闆保持一定距離。

一般老闆不願跟下屬關係過於密切，主要是顧忌別人的議論和看法，再來就是他在你心目中的威信。和老闆保持一定的距離，需要注意哪些問題呢？首先，保持工作上的溝通，訊息上的溝通，一定感情上的溝通。但要千萬注意不要窺視老闆的家庭祕密、個人隱私。應去瞭解老闆在工作中的性格、作風和習慣，但對他個人的生活習慣和特色則不必過多瞭解。

和老闆保持一定的距離，還應注意瞭解老闆的主要意圖和主張，但不要事無鉅細地了解他每一個行動步驟和方法措施的意圖是什麼。這樣做會使他感到你的眼睛太亮了，什麼事都瞞不過你，這樣他工作起來就會覺得很不方便。他是老闆，你是下屬，他當然有許多事情要向你保密。有一部分事情你只應知其然而不知其所以然。所以，千萬不要成為老闆的顯微鏡和跟屁蟲。還有一個重點就是：接受他對你的批評之外，也應有自己的獨立見解；傾聽他的所有意見之餘，也需要發表自己的意見。換句話說就是不要人云亦云。

二、關心老闆的生活

喜歡別人關心自己的生活近況，這是人之常情，老闆也不例外。比如，老闆遇到高興的事——子女考上大學，加薪晉升，喬遷新居等等，心裡一定想找人誇耀一番，而如果遇到憂愁煩悶的事，也想找個人傾訴。下屬在主管高興之時能夠表示欣賞、贊同，在老闆煩憂之時表示同情，正是所謂同甘共苦，這樣和老闆的感情必將加深。一般人遇到喜怒哀樂之事，都不願悶在心裡，希望有朋友同喜樂，解哀愁。下屬如果對主管能做到隨時關心，那麼主管自然會在心中將你當成朋友。

平常你的老闆身體健康，精力充沛，在工作上也頗得心應手，公司的人都認為他很有前途，可是某一天，他卻顯露出悲傷的神色，很可能是家中發生了問題。他雖不說出來，一直在努力地抑制，可臉上總會不自覺地流露出苦惱的表情。對這位老闆來說，這實在是件很尷尬的事，為了不讓部下知道，表面極力裝得若無其事。午餐後，他卻用呆滯的眼神望著窗外，此時，他迷惑悵然的臉色，已失去了朝氣。對這種微妙的臉色和表情之變化，你不能不予以注意。應盡你最大的設想，找出老闆真正苦惱的原因，並對他說：「老闆，家裡都好嗎？」以假裝隨意問安的方式，來開啟他的心靈。

「不！我正頭痛呢，我太太突然病倒了！」

「什麼？你太太生病了！我怎麼一點都不知道？現在怎麼樣？」

「其實也不需要住院，醫生讓她在家中療養。太太生病後，我才感到諸多不便。」

「難怪呢！我覺得老闆的臉色不好，還以為你有什麼心事，原來是你太太生病了。」

「想不到你的觀察力這麼敏銳。我真佩服你。」

他一面說著，臉上一面露出從未有過的笑容。在人生最脆弱的時候去安慰他，才是下屬應有的體諒和善意。由於悲傷，老闆呈現出較脆弱的一面，我們不應再去刺激他，而當設法讓他悲傷的心情逐漸淡化。老闆的苦惱，在尚不為人知曉前，應主動設法瞭解，你的這份善意，相信無論是誰都會受感動的。

但同時要注意，下屬與老闆的交往畢竟還是有顧忌的。不能喪失自尊像個跟班似的跑在老闆後面，大事小事都隨聲附和，連老闆不願人知的隱私也去刺探，甚至為表示親近關係還四處張揚，或者不看別人臉色，到別人家裡一坐就是半天，喋喋不休，佔用老闆已安排好的時間。這些交往的分寸若不掌握好，就容易成為不受歡迎的人。

三、讚美你的老闆

適度的讚美是贏得老闆青睞、縮短與老闆之間距離、贏得老闆信賴的重要方法。恰到好處的讚美被譽為「具有魔術般的力量」、「創造奇蹟的良方」。稱讚他人應該真誠，稱讚應讓人感覺到發自內心，而不是應付式的恭維、阿諛、拍馬屁。讚揚與欣賞老闆的某個特點，意味著肯定這個特點。只要是優點，是長處，對團體有利，你便可毫不顧忌地表示讚美之情。老闆也是人，也需要從別人的評價中，瞭解自己的成就及在別人心目中的地位，當受到稱讚時，他的自尊心會得到滿足，並對稱讚者產生好感。

四、給他一個台階下

在日常生活中，尤其是在工作過程中，很可能會出現這樣的情況，某件事情明明是老闆耽誤了或處理不當，可是在追究責任時，老闆卻指責自己沒有及時報告，或報告不準確。

為什麼明明知道這件事不是自己的責任，卻又要悶著頭承擔這個罪名呢?很重要的一點就是，在必要的時候必須替老闆保留面子。這樣一來，儘管眼前自己會受到一點損失，挨幾句罵，但到頭來，老闆會明白自己的失誤之處，以後會多加注意。這樣，對公司的發展，對工作本身都會有幫助。在這裡還應該特別注意的是，在一些小事情上，特別是沒有太大關係的事情上，若被老闆錯怪了，大可不必去申辯。

因為，老闆總是希望大事化小，小事化了，希望不出大亂子，希望大家都聽他的。如果你為了一點小事便不厭其煩地為自己申辯，以致於替老闆造成過多的麻煩，那麼儘管你的申辯是正確的，有力的，其客觀效果也並不好，反而會使老闆認為你心胸狹窄，斤斤計較。

搞清楚問題

某些時候，人們養成的習慣很難打破。沒有什麼比與一個做事沒有任何條理的人共事更讓人感到不快的了，因為他們會使我們無法照計劃完成工作。事實上，你也許已經注意到，公司內部這一類的人越來越多。因這些人沒有計劃的請求所帶給你的干擾越多，你的工作也就更可能因此延誤。如果遇到這些人，你必須要：

一、搞清楚問題的重要程度

若任務來自老闆，任何時候人們都會自動承擔，並且將其放於最緊急、最重要的位置。但若任務來自其他人，情況還會是這樣嗎？如果你問：「這項任務很重要嗎？」人家肯定會說：「當然了！不然的話，我幹嘛要你做？」因此，想要瞭解工作是否非常重要、非常緊急就要以開放式的問題來進行提問。比如：「你的想法是什麼？這是一項比較重要的任務，對不對？」你將發現其他答案使用的頻繁程度，「是的，它不是很重要也不太急。」如果答案是：「不，它確實很重要、很緊急」，你就會明白，它確實是最優先的事務，需要你立即投入注意力。

如何進行提問與問題本身同樣重要。當你的語調表現得比較堅定、強烈、並且自信的時候，你就能與老闆或者其他人，進行更好的交流。聲音的語調和面部表情一樣，都可以影響他人以理性及邏輯的心態看待問題。以自信、堅定、強烈，放鬆的語氣起始問題，避免讓傾聽者察覺「我正在判斷或者評估你的請求」。那樣做只會使人升起防禦。表現得足夠直率，老闆多半可以理解你只是想闡明一件事情，而沒有其他的意思。

二、搞清楚任務完成期限

這樣的問題：「你希望什麼時間拿到這些東西？」，將不可避免地得到「昨天」或者「現在」或者「今天下午四點」這樣的答案。是的，這些都是截止期限。但它們是什麼樣的截止期限？我們都有這樣的經歷：有人請我們去做一些非常重要的事情，並且給出一個時間非常緊迫的截止期限。於是我們清理辦公桌，開始工作，也許還需要加班，或者不吃午飯，竭盡全力在截止期限之前將事情完成。誰知道交件後五天，這個文案依然躺在那個人的辦公桌上，絲毫未動。讓我們面對現實吧，人們有時的確會給出虛假的截止期限，他們那樣做也許是因為不信任你。如果他們星期五要，他們認為最好告訴你星期三需要，因為他們確信你不能按時完工。

但如果按照正確的方式提問，並且措詞恰當，你也許可以得知真正的截止日期。如果我們問：「我最遲應該在什麼時間交給你？」就與「你希望什麼時間拿到這些東西？」設立完全不同的答案。

對方也許會說：「好的，我最遲星期五需要它，因為在星期五下午的會議上會用到。」於是我們得到了真正的截止日期。儘量提前完成任務，而不要拖到截止期限的最後一刻，這對雙方都有利。對方已經誠實地告訴你截止期限，所以你必須顯示出自己值得信賴，以作為他人對你信任的回報。不要讓對方一直著急到最後一分鐘，這樣就辜負了別人對你的信任。你喜歡心境平和，你的老闆也一樣。你越能夠按時提交成果，別人就越信任你，也越容易告訴你真正的截止期限。

推銷自己

精明的生意人，想把商品銷售出去，就要先吸引顧客的注意，讓他們知道商品的價值，這便是傑出的推銷術。

人何嘗不是如此？《成功推銷自我》的作者E・霍伊拉說：「如果你具有優異的才能而沒有把它表現在外，就如同把貨物藏於倉庫的商人，顧客不知道你的貨色，如何掏腰包？各公司的董事長並沒有像X光一樣透視你大腦的組織。」因此，積極的方法是自我推銷，如此才能吸引他們的注意，從而判斷你的能力。

當然，由於傳統觀念的根深柢固，人們在自尊心與自卑感衝撞下，一方面具有強烈的表現慾，一方面又認為過分地出風頭是卑賤的行為。

但在二十一世紀的今天，想做大事業，必須放棄面子，更新觀念，積極為自己創造更多的機會。

一、表現自己的意識

青年人大都喜歡表現自己，但如果表現不好，就容易給人一種誇誇其談、輕浮淺薄的印象。因此，最大限度地表現自己最好的辦法，是你的行動而不是你的自誇。

也許你會說：「我數年埋頭苦幹，兢兢業業，卻沒沒無聞。」如果你嘗到這種苦頭的話，那麼就證明你不懂得說的藝術。請自問，你總是主動去做別人不願意做的事情，是否主管都瞭解?靠主管去發現，總歸是被動的。靠自己積極地表現，才是主動的。成功者善於積極表現自己最高的才能、德性，以及各式各樣處理問題的方式。這樣不但表現自己，也能吸收到別人的經驗，同時獲得謙虛的美譽。

學會表現自己吧——在適當的場合、適當的時候，以適當的方式向主管與同事展現績效，這是很有必要的。

二、將期望值降低一點

人有百百種，各有所好。假如投其所好仍然說服不了老闆，沒能被接受，你就應該重新考慮自己的選擇。

目光不要盯太高，應該適時將期望值下降一點，目光盯近一點，同時儘量到與自己專業技術相關的行業去工作，美國諮詢專家奧尼爾如是說：「如果你有修理飛機引擎的技術，你可以把它變成修理小汽車或大卡車的技術。」

三、適當表現才智

一個人的才智是多方面的，假如你想展現口語表達能力，就要在談話中注意語言的邏輯、流暢和風趣度；如果你想表現專業能力，當老闆問到你的專業時就要詳細地說明，你也可以主動介紹，或者問一些與專業相符的工作情況；如果你想讓老闆知道你是一個多才多藝的人，那麼當老闆問到你的愛好與趣時，就要趁機發揮或主動介紹，以引出話題。如果老闆本身就是一個愛好廣泛的人，那麼你可以主動拜師求藝。

至於表現自己的忠誠與服從，除了在交談上力求熱情、親切、謙虛之外，最常用的方式是採取附和的策略，但請儘量講出你之所以附和的原因。老闆最喜歡的是你能替他的意見和觀點找出新的論據，這樣既可以表現你的才智，又能為老闆增加說理的新佐證。

四、與眾不同

款式新穎，造型獨特的物體常常是市場上的暢銷貨。見解與眾不同，構思新奇的著作往往供不應求。

獨特、新穎便是價值。他人不修邊幅，你則不妨稍加改變和修飾；他人好信口開河，你最好學會沉默，保持神祕感，時間越長，你的魅力越大；他人總是揚長避短，你可試著公開自己的某些弱點，以博得人們的理解與諒解；他人自命清高，孤陋寡聞，你應該盡力地建立一個可以信賴的關係網；他人虛偽做作，你就要光明磊落，待人坦誠；他人只求可以，你則應全力以赴，創造第一流績效；他人對老闆阿諛奉承，你卻以信取勝。

倘若你願意試試以上方法來表現自己，一定可以收到異乎尋常的效果。

信任感

獲得加薪、升職的機會和其他工作報酬，都代表著你所表現出來的非凡工作能力，以及你與老闆的良好關係。

如果這兩者都具備，那麼工作順心，加薪、升職不成問題。怎樣才獲得老闆的信任青睞呢？以下六點建議可供借鑑：

一、弄清老闆的意圖

做每件事情，首先要讓老闆知道你熱切期待他的事業成功。為此，在他面前你可以不時談論他的抱負或目的，並盡力做一切有助於達到目的的事情。你的職責就是幫助老闆實現他的真正意圖。但老闆的意圖是什麼呢？有時候答案很明瞭，有時候就得花點腦筋。

湯姆是一家電腦公司的銷售代表，他很滿意自己的銷售業績，不止一次向老闆解釋過，他為了說服一家小電腦商買產品費了多大勁。但老闆只是點頭微笑而已，然後告訴他：「你怎麼不多考慮一下那些一次就訂三百台的大主顧呢？」湯姆恍然大悟。從此，開始把注意力從小主顧轉到大批發商身上，使生意做得更大。

二、做老闆的參謀

用不著拍馬屁，你也可以在各方面顯示忠誠。

拉姆茲的老闆是一位負責國際市場業務的副總經理。有一天，她接到一個緊急任務，根據老闆的指示要趕製一份圖表。製圖表時，他注意到老闆寫的「當美元上升，出口會增長」。拉姆茲很清楚這句話應該要反過來才對，於是就改正並告訴了老闆。老闆感謝拉姆茲訂正了他的疏忽。第二天，老闆的發言相當成功，更是對拉姆茲的工作能力讚賞有加。

三、助老闆一臂之力

當你一味追逐個人目標時，就會很容易忘記你受重用的最基本條件：老闆認為你會幫助他成功。

雪斯是一家機械連鎖店的副理。他和經理莫尼卡一致認為，如果公司擴大，生意肯定會倍增。可是莫尼卡一直不能使管理部主管相信擴店會帶來可觀的利潤。在一次會議上，一位主管問雪斯工作得怎樣，雪斯答道：「我喜歡莫尼卡的工作態度，把所有商品和顧客擠壓在這麼小的地方，換了其他經理，早就受不了了。上周，我們就不得不直接在貨車上銷售電視機。要是我們有更多的空間就好了，顧客肯定會更滿意。但我們還是會從實際出發，盡力而為。」不出幾日，公司便為莫尼卡任職的銷售點增加了一個店面。果不其然，小店銷售額頓時上升。莫尼卡對雪斯出色的表現大為讚賞。

四、為老闆排憂解難

想升職的重要環節，就是要時刻幫助老闆解決棘手的難題。

雷司在一所大學擔任助理，他任職的部門主管羅傑爾負責註冊工作。羅傑爾所掌管的註冊系統很混亂，有些班級名額超收了，有些班級人數又太少，面臨停辦的危險。雷司向羅傑爾自告奮勇，負責改進這個狀況，羅傑爾高興地答應了。結果系統大為改觀。當羅傑爾到另一所聯合大學升任註冊主管時，他便推薦雷司為副主管。雷司因改進註冊系統一攻，而獲得賞識。

五、奠定良好的群眾基礎

當你在部門裡獲得晉升的希望很小時，就需要不遺餘力地展示自己，盡可能在公司中建立眾多的聯繫，並極力推銷你的各方優點，在同事中樹立良好的聲譽，得到同事配合和支持，從而得到老闆的注意和賞識。

凱特是大學剛畢業的研究生，進入公司後發現公司裡人才濟濟，和她學歷相仿的人也不少，看來升遷的希望很小。於是她發揮在大學裡學到的專業知識特長，使公司生產效率提高了不少，並且對同事在工作上的請教總是有求必應，熱心幫助別人，在公司裡享有良好的聲譽。不久，凱特就被升任為業務副理。

六、巧妙地稱讚老闆

許多老闆都想得到屬下的恭維。

如果他做成一筆大生意，你也可以說：「我真佩服，你究竟是怎樣搞定這一筆大買賣的？」讚揚你的主管可以得到出人意料的回報。巧妙的讚美應該是具體並且讓主管聽了也順耳的讚美。

卡爾是一個業務主管，在一次董事會上被問及工作狀況時，他回覆：「總管史密斯先生是個懂管理的行家。他一直努力使公司業務繁忙，欣欣向榮，而且管理得井井有條。此外，他還很注意與職員溝通感情呢！」

事後，史密斯先生對卡爾說：「真高興得知你我有一致的管理風格，現在告訴我，你在工作上有沒有什麼困難？」

培養與老闆良好的關係不僅能使你獲益，而且當你踏上成功的階梯時，同時也已幫助老闆和公司做了一件很出色的工作。

爭取得到提拔

在生活中，我們並不一定要使自己升任多高的職位，追求多大的成就。可眼見同事或後輩逐一超越，把自己遠遠拋在後頭，心中一定會很不好受。為了避免輕易被人超越，甚至面臨被淘汰的命運，就必須積極追求上進，努力爭取得到老闆的提拔。

一、不能過分謙讓

在通向金字塔頂的道路上每一步都是競爭的足跡。因此，當你瞭解到某一職位或更高職位出現空缺而自己完全有能力勝任這一職位時，保持沉默決非良策，而是要學會爭取，主動出擊，把自己的想法告訴老闆，往往能如願以償。

戰國時期趙國的毛遂、秦王嬴政時的甘羅已為我們提供了最好的證明。特別是老闆已經有了指定候選人，而這位候選人在各方面條件都不如你時，本著對公司、對老闆、對自己負責的態度，應該積極主動爭取，過分的謙讓只會堵死自己的晉升之路。

要取得期望中的成就，就應勇於為自己創造機會，機會的確會不斷出現，問題是它也瞬間即逝，就看我們如何去抓住。你可能會說：「我真的不行，現在都已經很吃力了，怎麼承擔新工作呢？」這種想法，對將要承擔新工作的人來說很正常，但只要有勇氣去承擔，很快就能適應新工作。它就像學游泳一樣，大膽跳進水裡，兩腿學狗爬式地蹬水，很快就能學會游泳。一個好的職員有責任以工作成就、技能、才幹和潛力來吸引老闆，只要有能力，就應大膽地毛遂自薦，承擔更多的工作和責任。

年輕職員安德拉要求與老闆商談一個對於他和老闆以及公司三方面都至關重要的問題。他信心十足地對老闆說：「先生，直言不諱，我覺得自己有才華、有能力勝任更多的工作，承擔更大的責任，現在我一切都準備好了。」

言簡意賅，直截了當，只用三句話，就恰到好處地強調自己願意承擔更多的工作，這也正是老闆所期待的。安德拉就是借助這種毛遂自薦法，一步步升到副總裁職位，現在也開了自己的公司。

二、預先提醒老闆

在正式提出問題和初步討論之前，先給出一兩個暗示，表明你正在考慮這件事，這樣就不會在商量的時候發現老闆毫無準備了。你可能會認為這只會給老闆時間搜羅理由拒絕你，但是請記住，你的目的並不在於贏得一場辯論，而是要使老闆確信給你升職是出於對大局利益的考慮。

假如老闆有所保留的話，你應該瞭解其中原因。在瞭解以後，你也許會發現，其實是你自己選擇錯了行，或這家公司並不適合你。

三、選擇適當時機

通常應該在老闆情緒好的時候提出請求，如果他的異常愉快是因為你的成績優異，那就更妙。選擇時機非常重要，如果把你的要求作為工作日中的第一份報告呈獻給老闆，往往就很難奏效了。

四、用事實證明你的成績

與其告訴老闆你工作得多努力，不如告訴他你究竟做了些什麼。試著用一些具體的數字，尤其是百分比來證明你的成績，同時要避免用描述性的詞語，譬如，不要說：「我與某某公司做成了一筆生意。」而說：「我與某某公司做成了多少萬元的生意。」這也就是說，盡可能地讓事實替你說話。

從這點來看，你也許會發現最好什麼也不說，而是簡單地把報告呈給老闆，總結你的工作。這麼做，白紙黑字詳盡陳述，就使他能及時瞭解你的成績，而且日後也能查閱，也就用不著去說那番聽起來使人覺得你自吹自擂的話了。

五、向老闆說明提拔你的好處

不可否認這並非那麼容易，老闆是決策者，而有關你各方面的資料又有限，因而他是否要滿足你的請求當然需要經過慎重考慮。如果更仔細地想想，其實你還可以拿出理由，說明你所期望的提升對於授予者大有裨益。

你必須指出，權力的擴大將容許你為老闆完成更多的工作，也能更有效地處理你手頭上的事情。如果你只是想得到加薪而別無他求，那麼就告訴老闆，這樣可以讓別人了解到出色的工作會得到獎勵。要使人相信提拔你會使他得到好處，確實需要動一番腦筋，但努力多半是不會白費的。

六、不要威脅

下屬的要求一旦遭到拒絕，轉而用離職或不辭而別來威脅老闆的做法，往往會引起老闆的不滿。縱然老闆屈服於威脅，上下屬關係卻失去了信任。而破裂的信任感要恢復原狀，即使可能也是十分艱難的。從長遠來看，在這種情況下暫時的勝利會變成永久的損失。另一方面，如果老闆有充分的理由拒絕你時，你向他保證會繼續努力和支持他，這將對你有很大的好處。這麼做實際上是促使他儘快地改變現狀，而上下屬之間的關係也會更加親近。

讓老闆幫你做事

按理說，屬下員工的私事是老闆權轄分外之事，從理上可以不管、不幫忙，但在情上，也可以過問、幫忙的。想使老闆心甘情願、或礙於情面地為我們解決燃眉之急，就需要掌握一定的技巧。

一、爭取老闆的理解

你要辦什麼事？為什麼要辦這件事？理由充分嗎？諸如此類的問題攤到老闆的桌面上，老闆能理解你的苦衷嗎？如果他能理解，你可能就得到了支持，問題也就有機會迎刃而解了。相反，如果沒有得到老闆的理解，說不定還會覺得你提出的要求太過分。所以，尋求理解對能否把事情辦成至關重要。那麼，怎樣獲得老闆的理解和支持呢？

★選擇好時間

你要選擇在老闆空閒的時候找老闆會面談事。老闆忙的時候，心情容易煩躁，對你提出的事就不會記掛在心上。如果在時間寬裕的情況下會談，老闆就會有一定的耐心聽，你的問題也更可能得到重視，因而也就更有利於把事情辦成。

★選擇好地點

找老闆談事要考慮會談的場所和環境。有的事要到老闆的辦公室裡談，有的事要私下談；有的事談得越詭祕越有效果，而有的事越是有旁人聽到越對成事有利。所以，這其中奧妙就在於事的份量和利害關係，以及老闆的脾氣秉性了。

★採用適當的話題引出所要辦的事

找老闆辦事要講究話題的引入方式。有的需要直來直往、開門見山地和盤托出；有的則需要循循善誘、娓娓道來或者漸入佳境，否則便讓老闆感到唐突冒失刺耳煩心。為了引出正題，可先談些工作的事、生活的事、社會的事、家庭的事、老闆關心的事、自己關心的事，為引入自己的事作為鋪墊。

堅持以上三個原則，你要託老闆辦的事，就很容易得到理解和支持。到那時，不管事情有多難，只要老闆答應，就多半不會讓人失望。

二、激發老闆的責任心

會管理、善於體貼下屬的老闆，不僅是一個公司的管理者，還是這個「大家庭」的「家長」，員工們的寒暖饑飽，他都當成是生活的一部分。我們可以抓住生活與工作密切相關的部分，去激發主管心甘情願地幫助員工解決生活上的後顧之憂，讓老闆感受到幫助員工解決私事是他的責任。老闆替下屬負責的目的就是對自己公司的負責，對自己的政績負責，對自己的前程負責。請求老闆幫忙，儘量要把自己的私事與工作聯繫在一起，使老闆感覺到他幫助你是在解決工作上的難題。

三、喚起老闆的同情心

下屬之所以需要老闆幫助，是因為在生活上出現了困難，如經濟困難、住房困難、子女問題等等。找老闆辦事，說穿了無非是託他們幫助解決這些困難。既言困難，就有一些苦衷，要想把事情辦成，最好的方法就是把這些苦衷通情達理地說出來，激起老闆產生同情心，因而幫助你把事情辦好。

引起老闆同情，必須瞭解老闆的人生經歷，從老闆曾經切身感受過的事情入手，在人之常情上下功夫，把自己所面臨的困難說得於情於理，令人痛惜。老闆願意以拯救苦難的姿態伸出手來幫助你辦事，讓你對他感恩戴德。而他也因為自己的公正、慈悲和仁愛之心，產生一種偉大的濟世之感。

要引起老闆同情，還必須瞭解老闆的心意，瞭解他平時愛好什麼，又憤慨什麼，瞭解他的情感傾向和對事物善惡清濁的評判標準。老闆的同情心有時是誘導出來的，有時是激發出來的。如果老闆對某個下屬有成見，認為他素質不夠，那麼這個下屬想引起老闆的同情，可能就是一件相當困難的事情了。人只有在沒有成見的時候，才能產生同情心。所以，利用老闆善良的同情心辦事，有時能收到以情感人的奇效，甚至比以理服人更能打動老闆的心，促使老闆伸出仁愛之手。

四、託主管辦事應把握時機

託請主管辦私事時，應看準時機，最好應先從側面瞭解他的心情好不好，如果心情不佳，就不要找他；工作繁忙時，不要找他；吃飯時間已到，也不要找他；休假前和渡假剛返回時，也不要找他。因為在這些時間，你和他談與工作不相干的問題，他多半會拒絕。凡他拒絕的事你若再提起，只會增加不愉快，還會讓老闆留下一個難纏的印象。託老闆辦私事時，選好時機很重要。

五、請老闆幫忙要有分寸

託老闆幫忙，一定要看事情是不是直接涉及你的自身利益，如果是，則老闆無論從對你個人還是關心員工利益的角度，都是一種義不容辭的責任。這樣的事老闆願意幫忙，也覺得名正言順。但你一定要知道，有些事必須關係到你的切身利益，或你家人孩子，如果不管七大姑八大姨的事，你都攬過來去請老闆幫忙，非但老闆不會答應，還會認為你多事，影響你在老闆心目中的形象。一般而言，以下是下屬經常找老闆出面幫助解決的事情。

★與工作有關

這一類事能否辦到，關鍵要看你在老闆心目中的位置如何。位置高，他會把利益的平衡點放在你身上；位置若是低的，則必須借助外在的或間接的力量，才能把事辦成，否則便只能充當各種利益的旁觀者了。

★與生活有關

包括借貸、買賣、調節各類糾紛、參與婚喪嫁娶等紅白喜事，各類被侮辱被損害者的法律公斷，以及某些同學同事朋友等託辦的事宜。辦這類事，老闆一般未必直接出面。

★與家庭關係有關的利益

包括夫妻關係、兒女關係、親戚關係。這些關係有時不能得到滿足或者受到了傷害，而自己又無力自我成全，但又責無旁貸，只好間接地承攬過來找某位老闆說情，懇望他能出面干預或施加影響。如為子女找工作，幫助妻子工作調動，幫助某位親屬安置工作等等。

但千萬不要雞毛蒜皮的事也去拜託老闆，認為老闆辦起事比你容易，這樣老闆會覺得你太麻煩，甚至會認為你缺乏辦事能力。凡事都有限度，掌握好這個限度，也是一種能力。

給老闆的建議

每一個人都有很多想法，而且常常自信這些想法若得到實施將會大大提高組織的工作效率。真正有事業心的人難免想向老闆提供建議，做這種事首先應注意的是不必太急。

首先，從老闆的角度來看，你的想法也許沒什麼了不起，甚至也許很不成熟。而且你要記住，他的看法與你完全不同。有許多內在的因素你可能並不十分清楚，但當它們與其他事物放在一起時，就會很明顯地表現出來。你的建議有可能使老闆與公司其他成員發生衝突，或是實施你的建議很可能耗費他的時間。即使你認為從長遠來看，你的建議會節省他的時間，但請記住，管理者多半都注重短期效果的。

還有一個因素值得考慮，提出改進工作的建議，意味著你認為目前的工作並不理想。換句話說，這裡面含有批評的意思。接受你的建議意味著在他的工作中有不足之處。但不容忽視的是，老闆有時也很自負，不願承認工作中有不當之處，在下屬面前尤其如此。因此，當你想提出建議時，應當慎重。

一、注意提出建議的時間和地點

如果要提的建議有助於解決老闆正在認真思考的事，那麼很顯然，你在這時提出的建議一定會引起他的重視。而且，老闆在情緒好的時候更容易接受你的意見。還有，給老闆提建議時，無人在場比有人在場要好，除非你有把握相信其他人會支持你的建議，並且老闆對他們的支持反應良好。

二、不打擾老闆的日常工作

事先做好大量與實施建議有關的工作。例如，如果你認為老闆應該通知生產部門注意某些顧客對產品品質的抱怨，那麼你可先試著為老闆整理好一份資料。如果你很了解老闆的話，在提出建議的時候就可以把這資料交給他。一般而言，讓老闆批文總比讓他撰文要容易得多。

三、從老闆的角度考慮事情

推行組織變革很像打撞球。當你瞄球的時候，不僅要考慮球往哪裡打，而且還要考慮它會碰上哪顆球，以及它們最後又會滾到哪裡。身處高位的老闆比你更能看到並估價這些部門之間的相互作用。但是，只要你密切注視正在發展的事物，只要留意在工作範圍內其他能表明或影響老闆觀念和行為的文件，你就能提出既有利於你也有利於老闆和組織的建議。

四、讓老闆在多項建議中做出選擇

波特正在為一家小公司處理職員關係。這家公司接受了大量的訂單。為了完成任務，公司增加了不少人員，因而原本寬敞的公司停車場突然變得擁擠不堪。職員們為了有限的停車位開始激烈地爭奪，兩個職員甚至因此發生口角，導致動手打架。

波特覺得這個問題應該會引起老闆的重視，而他所想到的解決方法，都超出了他的職責範圍。但他仍列出了一些可供選擇的解決方案，而非把這件事情往老闆身上一推了之，或者只提出一個擬定好的方法勸他採納。波特提出的方案主要包括：擴大停車場或租交通車提供接送福利，並把停車收費的盈利作為職員的福利基金，舉辦汽車共乘活動等等。所有方案各有利弊，擬定方案時，他仔細且簡要地說明了這些利弊。結果波特的建議被順利地採納了。

小心別惹火老闆

帕特麗夏・科克女士是麻薩諸塞州政府智囊團的成員，她的工作能力非常好，但始終沒有被提拔。終於在某一天，她為了這件事與老闆起了爭執。

「在爭論中，我們互不相讓，氣氛十分緊張，」科克後來回憶說，「然而這場唇槍舌戰之後不久，我就不得不離開那家公司了。」

非常遺憾，科克沒有遵守和和老闆打交道的基本規則：沒有把握取勝，就別輕易向老闆開戰。不過這並不意味應當儘量避免與老闆衝突，而是應該把自己的不同見解恰到好處地向老闆表明。如何才能做到提出異議，而又不冒犯老闆呢？以下幾條規則也許對一些欲言又止的雇員們有些參考價值。

一、時機

在找老闆闡明不同見解時，先向祕書瞭解這位頭頭的心情如何是很重要的。當老闆進入工作最後階段時，千萬別去打擾他；當他正心煩意亂而又被一大堆事務所糾纏時，離他遠些；中飯之前以及渡假前後，都不是找他的合適時間。

二、消了氣再去

如果你怒氣沖沖地找老闆提意見，很可能把他也給惹火了。所以你應當使自己心平氣和。儘管你已長期累積了許多不滿情緒，也不能一股腦全抖出來。應該就事論事地談問題。因為在老闆的眼裡，一個對企業持有懷疑態度，充滿成見的員工，無論如何都不可能對企業產生幫助的，這個職員也就只能另尋出路了。

三、單刀直入

當僱主和下屬都不清楚對方的觀點時，爭論往往會陷入僵局，因此職員提出見解時必須直截了當，簡明扼要，能讓老闆一目瞭然。

在紐約財政部門任職的一名科長克萊爾．塔拉內卡很少與老闆發生摩擦，但並不是說她對老闆百依百順，她會把自己的不同意見清楚明瞭地寫在紙上請老闆看。「這樣能使問題的焦點集中，有利於老闆思考，也能讓老闆有迴旋的餘地。」她說。

四、提出解決的建議

通常說來，你所考慮到的事情，老闆早已考慮過了。因此如果不能提供一個即刻奏效的辦法，至少應提出一些對解決問題有參考價值的看法。

五、站在老闆的立場上

想與老闆相處得好，重要的是必須考慮到他的目標和壓力，如果能把自己擺在老闆的地位看問題、想問題，做他的忠實合夥人，老闆自然而然也會為你的利益著想，有助你完成自己的目標。

跟老闆八字不合

與老闆相處，最讓人頭痛的問題是相互間的個性不合。

那位老闆在公司內口碑很好，工作績效也無話可說，當然能力也不差。可是不知怎麼搞的，就是跟自己合不來。老闆如果是個無能的人也就罷了，乾脆別聽他的就是了。

可是因為性格合不來，根本無法分清誰是誰非。因為，如果老闆認為你的性格過於老實；同樣的你也看不慣老闆過於驕橫，認為他不把你放在眼裡因而深感不滿。

對於這種情況，你首先要有清醒的認識，決不要一味地遷就討好，因為這麼做毫無意義。不管對方是誰，在工作場合根本沒有必要阿諛奉承。

相較而言，有一個雖然個性不合但卻有才能的老闆，是值得慶幸的，因為至少在工作上可以面對面地學習。一個趣味相投的老闆對於部屬來說，並不是一件好事。沒有嚴厲的斥責，反倒有著無話不談的私交，在工作上總是遷就和放鬆。

在這樣的老闆手下工作確實十分愉快，日子十分好過。問題是，公司不是大學的延續，萬一那位十分合得來的老闆出了問題該怎麼辦？這段時間下來你什麼能力也沒有累積，又要在新老闆手下從頭開始，吃虧的可能還是你自己。最壞的情況是，老闆若只是一個脾氣合得來的無能者，那麼部屬學會的，根本就只是投機取巧的本領。

這麼一想，在一個有才幹但性格上格格不入的老闆手下工作，倒是好事一件。因為那樣的老闆只會在工作上對你做出評價，而從不帶任何其他的個人感情在裡面，再沒有比這更清晰易解的關係了。你當然有自己的思考方式和工作方式。你應該從老闆在公司內深獲讚賞的工作方式中，不斷學習值得學習的東西，同時又不能喪失屬於自己的個性特點。沒有必要什麼都照他那一套，要慢慢地將自己的見解融入其中。

性格不合的老闆很奇怪，他對你的動向會特別敏感，馬上就會對你的做法提出不滿。

這個時候你只要默默聽從他就是了。總之，到最後還是要靠自己令人信服的工作表現來說話，畏縮不前的態度是最不可取的。只要做出成績就行了。不管性格多不合，認真的老闆總會有認真的評價。而那些性格正好相反，在工作上卻相互信賴的上下屬關係，才是最理想的關係。

老闆想的跟我不一樣

主管和員工之間發生衝突是難免的，遇到這種情況，當然作為主管要處理好和下屬的關係。而另一方面，作為下屬該怎麼處理跟老闆的關係呢？

有些人和老闆發生衝突時，有意無意地大加指責老闆，反而比較少反省自己。一項工作的好壞，可以說是主管和下屬相互作用產生的結果。主管的業務水平、管理技能和協調人際關係的能力，是成功與否的關鍵。

當我們和老闆發生衝突的時候，首先應當冷靜地分析一下老闆、自己和工作環境三個因素，特別應當先考慮自身因素：對這項工作喜歡嗎？個人意向是否融合在公司目標裡？是應付差事呢，還是積極主動地做事？是否自恃學歷高或者有什麼專長而目中無人？自己的知識、才能、技術貢獻出多少？對自己的工作效率和成果清楚嗎？

如果存在上述那些常見的毛病，就應該在自己身上找原因，單純責怪主管是現代上班族的通病。

人人都希望自己和老闆的關係融洽，怎麼樣才能做到這一點呢？這個問題涉及的方面很多，最重要的是以下三點：一尊敬，二諒解，三幫助。這既是同事、朋友之間相處應該注意的原則，也是協調主管和下屬關係應該注意的重要問題。

一、尊敬

這不是教人阿諛逢承，也不是提倡盲從，而是鼓勵大家正確認識自己，正確對待主管。我們容易因為先入為主的觀念，以致真假未辨，人云亦云；而自己的慾望是不是得到滿足，又常導致我們對某個主管的喜好或者厭惡；另外自我評價高，往往也會產生輕蔑、怠慢、目中無人的錯誤態度。因此，拋棄偏見、尊重主管是非常重要的。

二、諒解

如果每個人都能夠站在以工作為重的立場，設身處地替老闆分憂，為老闆著想，勢必可以減少許多不必要的誤會和不愉快的衝突。

三、幫助

下屬幫助主管，是生活中常有的事。在老闆遇到困難的時候，具有高度責任感的下屬是不會袖手旁觀的。

應該說，只要採取敬、諒、幫的態度對待老闆，絕大多數衝突都會得到順利的解決。我們應該知道，個人情感的滿足絕不能靠衝動來獲得，而是要靠理智。在憤怒時，你把什麼放在最重要的位置呢？

3.

你是一個好主管

身為主管，你的管理對象是人，要做好管理工作，就要先瞭解下屬的心理、行為、需求等特性，並以此為基礎與同事打好交道，贏得支持並保持必要的權威。

要下達令人聽得懂的命令

命令是管理者最常見的表現形式，它可以文件的形式間接下達，也可以口述的形式直接下達。而在執行過程中，如果命令總是被打折扣，就很難完成既定的目標。

命令常常被下屬打折扣的老闆，除了本身缺乏應有的力量之外，另一個更重要的原因就是他們沒有掌握發佈命令的技巧和方法。

有效地下達命令是一種需要技巧和專長的微妙藝術。如果想要在事業中獲得成功，就必須知道如何透過命令指揮控制別人的行為，因為你不能一味強迫下屬去做工作，而必須學會如何運用特殊的手段讓他們心甘情願地為你效力，使他們既尊重你，又服從你。

優秀的管理者知道，對下屬發佈命令要注意以下幾點：

一、強調結果，而不是強調方法

為了將指令敘述得簡要中肯，你要強調結果，不要強調方法。為了達到這個目的，可採用任務式的命令。這種任務式的命令是告訴一個人你要他做什麼和什麼時候做，而不告訴他如何去做。

如何做，那是留給他去考慮的問題。任務式的命令提供那些替你工作的人發揮想像力的機會。

二、命令不要太複雜，要儘量簡單

當你發佈簡潔而清楚、使人容易明白的命令時，人們就會知道你想做什麼，他們也就會馬上開始去做。

他們沒有必要一次一次地回來找你，只是為了弄清楚你說的話。在多數情況下，一個人沒有做好工作的主要原因，就是他沒有真正弄明白你要他做什麼。如果你希望別人正確地執行命令，那麼簡單扼要是絕對必要的。

在軍隊中，簡單就是發佈命令的準則。最好的計劃應該是在制定、表達和執行上都不複雜的計劃。這樣的計劃也更便於大家理解。一個簡單的計劃會減少錯誤的機會，其簡潔性也會加快執行的速度。

在商業上，利潤最多的公司一般都是在各方面力求簡潔的公司，他們有簡潔的策略思想，有簡單的計劃和執行綱領，對做決策的責任也有專門的安排，簡化行政管理程序，取消繁文縟節，採用簡單的直接聯繫。

成功的商業公司各個方面都盡可能地保持著簡樸的工作風格。

態度決定成敗

如果一個人只是態度溫和，而意志不堅定的話，會產生什麼結果呢？這樣的人將會變得只是和藹可親，但是卑躬屈膝，意志力軟弱，個性消極；反過來，如果一個人只是意志堅強，但是態度粗暴的話，會有怎樣的結果呢？這樣的人將會變成暴躁而做事莽撞的人。

因此，理想的情況最好是兩者兼備，但是這樣的人實在非常之少。只是意志力堅強的人，大多血氣旺盛，認為態度溫和是一種軟弱的表現。這樣的人如果遇到內向而個性軟弱的對手，事情或許還能如想像一般進行得非常順利；如果不是的話，一定會招致對方的憤怒或反感，而且很難達成目的。

而一味的態度溫和往往又給人留下個性圓滑的印象，好像自己完全沒有意志力似的，不論在任何場合，都可以裝出一個最適合對方的態度。

當你需要下達命令的時候，如果能以溫和的態度命令他人，聽者一定會很高興，並以愉快的心情將你的命令付諸實踐。可是，如果接到一個態度粗暴的老闆所下達的命令，你會開心地去執行它嗎？我想大概中途就將它放棄了吧！

為了避免對方產生不快，要盡可能地使用溫和的語氣，讓對方能夠心情愉快地接納命令，這是非常重要的。溫和的態度能幫助你瞭解別人的心思，至少不會替人製造拒絕的藉口。但是，態度溫和的同時，也必須表現出立場。

在工作上必須與人交涉的時候，別忘了讓對方感覺到你意志的強度，除非是到了非妥協不可的地步，否則一步也不能退讓，折衷方案也不可以輕易接受。如果真的非妥協不可的話，也必須一邊抵抗，然後一步一步地退讓。退讓的時候，別忘了以穩健的態度，抓住對方的心思。如果能抓住對方的心思，或許就能使對方動搖。

最好能簡潔率直地這麼說：「雖然有很多的問題，但是我對你的敬意仍然沒有改變，而且從這件事情裡，看見你如此盡力，不論在工作上、或是在熱情上，都非常令人敬佩。我心裡一直認為，如果能夠多瞭解你的工作方法，或者多與你個人接近，這該是一件多麼令人高興的事情。」

如果你能夠以這樣的方式去理解態度溫和、意志堅定的含意，所有的交涉就都將無往不利，至少不必完全讓對方牽著鼻子走。

當你的意見與別人不同的時候，最好能表現出和悅的表情，言詞也儘量選擇穩重、有份量的。「如果你問我的想法如何，我一定會這麼回答吧！雖然我並沒有如此十足的把握……」或者「雖然我並沒有瞭解得十分透徹，但是事情大致上就是這樣的……」這是比較好的說法。雖然是比較軟弱的說法，但是並不會顯得欠缺說服力。

意見不和的討論，最好能在心情愉快的環境下結束，在態度上必須明確地表現出你不願傷害自己的人格，更不打算傷害對方的人格。對方有意見只是一時的，只需彼此深入地溝通就能解決。

最困難的大概就是態度了，態度和個人內涵同樣重要。懷著好意卻讓人當作敵人，懷著惡意反而使人當作朋友，這是不太可能的，因為態度會原原本本地傳達給對方。表情、說話的方法、言詞的選擇、聲調等等，如果都能溫和地表現出柔和的態度，再加上威嚴地展現意志的強度，一定可以牢牢地掌握住每一個人的心。

從小事做起

真正關心下屬，才能取得良好的激勵效果。

從職員第一天來上班時起，就應該讓他們感到他屬於整個團隊的一部分。首先要告訴新職員東西要放在哪，到哪裡吃午飯。不要小看這些不起眼的事，第一印象的好壞關鍵就在於此。然後指派專人——最好是與新職員同齡、同性別的人——在開始一兩周裡提供幫助。

要保證對新職員進行有效的監督，並有人隨時解答他們的疑難問題。恰到好處的引導和介紹可以使新職員心滿意足，從而很快地加入隊伍中，為公司努力工作。

工作條件對職員來說也很重要。有時候就因為溝通不良或沒即時提供必要的資訊，失去了一名優秀的職員，很不值得。

另外，職員的福利也很重要，千萬不能忽略這一點，應當考慮他們是不是每年都想帶著家人或與朋友出國旅遊？平常吃過午飯後，聊聊天或打打球，是不是有助於同事之間保持友好？

究竟該給職員什麼樣的假期，誰先誰後，這個問題也很重要，當然也不太好解決，可能會遇到一些麻煩。比如，家裡有孩子正在上學的職員可能希望假期正好趕上學校放假。所以，若不把這些事仔細周到地進行安排，也許會弄得人人都不滿，那麼公司又怎麼能穩定向前發展呢？

如果職員提出建議，千萬不要充耳不聞，不當回事。要建立一套獎勵制度，如果提出的建議合理，應予以獎勵。許多大公司就因為實施合理建議有獎的辦法，每年為公司節省不少錢。凡是有理想的員工都可能想出一些振興公司的方法，主管要積極與這些人討論。

管理者對員工的各種理想、目標和計劃不能置若罔聞。一般情況下，只要你能夠瞭解，就應該在一定時間內讓這些目標得以實現。如果對此根本不予以瞭解，讓員工的想法壓在心裡，就會引起彼此間的不愉快和矛盾衝突。

同時還要關心員工的家庭、健康和生活福利。只要能給予幫助，就應提供幫助，這樣你會收到事半功倍之效。

生病關心、生小孩關切、家屬長輩關懷，這些事對公司營運來講可能是小事，但對員工來說，公司就像是一個大家庭，有這樣心態的員工肯定會認真工作的。

自動自發做事

不論是什麼行業或哪一級別的主管，要使屬下高高興興、自動自發地做事真的很難。在雇用人和受僱人之間，應該建立有效的雙向溝通。

例如，你命令員工去做事時，千萬不要以為只要下了命令，事情就能夠達成。你必須仔細考慮對方接受指示、命令時，可能會有什麼反應；這個人的心裡是否真的願意服從你？

獨裁個性很強的人，想事情時總是擺脫不了命令式的做法。當然這種人可能的確富於各種經驗、非常優秀。所以照他的命令去做，大致來講沒什麼錯誤。可是如果老是用這樣的做法，總會留下一些不滿，令人感受到壓抑，而不能產生共鳴。同時也變成因為沒辦法，只好「就照你說的吧！」這種情況。

所以在對人做出指示或命令時，可以這樣問：「你的意見怎樣？我是這麼想的，你呢？」然後留意對方的反應，看看他是否同意你的意見以及是否徹底瞭解，並且問的方式，也必須使對方容易回答。

如果採取商量的方式，對方就會把心中的想法講出來，若你認為言之有理就不妨說：「我明白了，你說的很有道理，關於這一點，我想就這樣做好不好？」諸如此類，一面吸收對方的想法或建議，一面繼續工作。這樣對方會覺得，既然意見被採用，就把這件事當作是自己的事，而認真去做，自然而然會產生不同的工作效果，激發巨大的潛力。

即使在封建時代，凡是成功的管理者，表面上雖然下命令，實際上也經常和部下商量。如能以這樣的想法來用人，受僱者會自動自發，用人者也會輕鬆愉快。因此用人時，應該儘量以商量的態度去推動一切事務。

直接面對每個員工

許多管理者偏好大雜燴式管理。他們企圖把一大批員工集中起來，同時解決他們的問題，避免進行個別接觸。

不少愛擺架子的管理者喜歡透過召開大會來實施管理。他們坦言，每月舉行的大會是他們實施管理的最佳時機。他們在會上也許能培訓人員，交流現況，解決一些問題，甚至鼓舞部下。然而，另一些傑出的管理者則認為，真正有成效的管理並不能透過這種方式達到。

有些管理者慣於採用對無辜職員和違章職員一視同仁，不區別地加以指責的管理方式。但他們卻不知道，如果在大會上宣佈一系列違章記錄，或對違章職員逐一加以斥責，會引起違章職員和管理部門的衝突。而且，他們的管理方式可能絲毫起不了任何作用，違章的職員很可能把他們的話當作耳邊風，而無辜的職員則會感到很難受，離開會場後仍然很壓抑。

另一種管理方式，則是當著所有職員的面唱名批評另一名職員。有的主管在發現某個員工失職時，就公開批評這名員工。這樣做只會擴大主管與員工之間的鴻溝，使其他員工對主管喪失尊敬。

為什麼會有管理者偏愛這些大雜燴式的管理呢？因為他們不願花大量寶貴的時間，只願意在會議上把本來需要一周時間才能完成的工作全部做完。他們在管理方面的努力只集中在開會報告上，因此在開會時會喋喋不休地把想法告訴下屬。還有一些主管把召開全員大會看成是彰顯自己權力的機會。還有一些主管因為無法瞭解員工的想法，只得借助大雜燴式的管理。

然而，大雜燴式管理的危害相當大。當著其他員工的面批評某一員工，受批評的員工自尊心會受到極大傷害，感到自己在他人面前出了醜。而且在場的每一個人都會感到十分尷尬，擔心下一次是不是會輪到自己。

人人自危，企業內的氣氛異常緊張，誰還會把精力放在提高績效上？由於害怕受到主管的當眾批評，會把很多心思都放在提防主管上，導致企業生產效率因此而下降。

管理是一對一的事。要克服大雜燴式管理，關鍵點在於管理者要直接面對員工個人，儘量少用批評，學會發現每位員工的工作成績，然後大加表揚。這樣既可瞭解員工，又可使員工的自尊心、自信心和自我成就感得到提高，他自然願意為你努力工作了。

有效的溝通

作為老闆，需要經常和下屬進行對談，以達到有效溝通的目的，為此，需要掌握一定的談話技巧：

一、明確的目的

與下屬談心與聊天不同，聊天的話題廣泛，隨聊隨換；而談心則是指針對一定的思想分歧而進行。要取得成功，必須明確目的，有所準備。

明確的目的主要是指談心後要達到的結果。比如兩人之間有看法，互不服氣，以致於影響到工作上的合作。因此在談心之前要明確目的，是為了讓對方更多地瞭解自己，摒棄前嫌，攜手共進。

有所準備是指在談心前精心構設交談用語、談話內容及談話進程，怎樣開始，說些什麼，何時結束，都進行充分準備，以免談起來零亂分散，甚至言不達意，影響表達效果。有所準備還包括預設談話中可能出現的各種情況及處理方法。有了這些準備，談心活動就不會演變成爭吵或僵持，就能根據對方的反應調節交談方式，確保交談目的的實現。

二、切入正題

與下屬談心時，起始話題是最難構設的。這時可以讓表情來代替，一個真誠自然的微笑，展現你與對方談心的態度是誠實的。首先在情感上就給對方很大影響，然後再來一兩句寒暄，進一步表明你的友好態度和誠意。這樣的「開場白」有利於氣氛的緩和及談話的繼續進行。

開場白過後，應很快地切入主題，譬如消除某個誤會，說明某種情況等。因為這時雙方的關係只是表面的禮節而已，若過度拉扯別的內容會引起對方的反感，同時也會暴露你的弱點。直接切入正題，讓雙方就問題內容展開對話，進行溝通，儘快消除分歧，澄清誤會，說明情況，以便達成共識。

三、語言誠懇

談心是為了向交談對象闡明自己的某種觀點或見解，而不是加劇矛盾。因此要以誠懇之心來遣詞造句。選用中性的，不帶有強烈刺激性的詞語，減少對方的反感和受刺激的心理效應，讓這樣的話語傳達出你希望盡釋前嫌的誠意。

在整個交談過程中，對個性極強、難以理喻的談心對象，要把握其特點，除了使用能闡明觀點的話語外，更要以情動人，多使用具有情感交流作用的詞語來營造氣氛，溝通心靈，理順情緒。

有兩個人，許多年前因工作造成分歧，相互不理睬。其中一位為此多次上門希望能夠化解，但對方態度強硬，拒不接受。

不過這次拜訪，他說了這樣的話：「我今年六十歲了，你比我大，六十二了吧？我們都是過了大半輩子的人了，還有多少年好活呢？真不希望咱們到另一個世界還是對頭。」

從「人生無常」這個老年人易動情的開場白入手，使對方產生情感共鳴，終於消除了隔閡。

說服固執的下屬

有些人總是害怕各種變化。你要求某人換一種方式做事，要求他們改進或者改變方法，得到的回答常常是藉口、爭辯、淚水、瞪眼或緘默；而你的反應則會是憤怒或斥責。

抵制變化的人往往習慣用過去的經驗來證明為什麼他們不願換一種方式。你無需瞭解這些人的想法，但仍然可以讓他在工作上有效地調整。

怎樣才能做到這一點呢？

一、良好的溝通

從非語言動作：嘴巴緊張不安的抽動，無緣無故的咳嗽，搔頭皮，就可以看出，對方頭腦中的警報系統正在響起。使他害怕的原因是：他已經預估到這次見面可能有不愉快的結果。

為了營造良好的氛圍，你可是試著不要那麼嚴肅，採取令人愉快的態度。先表示讚揚——讚揚不等於要求你喜歡他——讚美他的績效而不是他全部的表現。讚揚會沖淡對方為自己辯護的必要，同時也就關掉了對方內心的警報。

好的開場消除了談話對象在被解雇或降職的擔憂。要讓他知道，在公司是有前途的，當談到今後的計劃中仍然需要他的支持時，你應該能看到他逐漸放鬆心情，自衛程度已進一步減弱了。

二、把話題控制在你的要求上

「比爾，如果所有未定稿文件在星期五中午前修改完，那你星期五下午就可以休息了。行吧？」微笑簡要地講明改變的地方，接著說「行吧？」，「同意吧？」或者「我們就這麼定吧？」就講這些，不要多說。如果在等待同意時，就保持微笑而且閉嘴不說話。

你不需要加上過多的解釋。我們總習慣於解釋，認為有充分理由說服對方按自己的要求去做。其實這說服都不管用，如果對方此刻尚未改變態度，再多解釋也白費勁。

當有人老是反對你的要求時，你會想問為什麼。而只要一問為什麼，就等於與對方進入一場沒完沒了的討論，而且很容易使他拒絕按你的要求行事。因此，你要注意的是：儘量不要去問為什麼。

三、對方的真實想法

認真分析對方的反應。如果對方給你的回答不是「行」，那就要仔細分析他的反應，搞清楚他的反對是合理的還是抵制性的。把注意力集中在對方的反應上，同時切忌主觀臆斷。你請人搬一件重物，而他告訴你他的背部肌肉剛剛拉傷，這時你的表態一定要恰當。

如果你把這件事錯誤判斷為躲避工作的藉口，那就很可能面臨一起投訴或傷殘索賠。

對爭辯也要作仔細分析。如果有人公開批評或不同意你的要求，你很容易會把它視為是抵制而加以拒絕。要耐心傾聽，看看對方的論點是否言之有理。如果情況情有可原，或者論據合理，就不要堅持要對方服從你的要求。承認他是正確的，並且不再要求做出變化，還要感謝他指出這一點，幫助你收回或修改你的要求。

四、竹子定律

颱風掃過時，竹類植物總能逃脫厄運不受損傷。因為竹子只是暫時彎曲，一旦風暴過去，竹子就會在瞬間彈回原位。

當你提出改變的要求，對方說你根本不考慮他對這件事的感受時，你不要急著為自己辯解，也不妨先「彎曲」一下。

「看來我有點感覺遲鈍。要是你能在上午完成這個文案，我很樂意在星期二騰出一小時來研究你的促銷建議。」

「也許我做不到一直保持敏銳的觀察力。如果你在中午前完成這專案，那我將樂意……。」

「在有些場合我可能脾氣很壞。這是我的建議。如果……，那麼……」採用「也許」、「可能」以及「在某些場合下」等詞語，使你在不完全同意的前提下表示聽到了對方的回答。

若遇到對方老是找藉口反駁的狀況時，竹子戰術也一樣管用。比如：當對方延誤的藉口是設備陳舊，下面就是遇到這種藉口時該如何做到先彎後直。

「我同意你的說法，如果有最新設備，這件事就會容易一些。等你完成這項計劃後我願意……」

如果員工因個人問題過於消沉，不能有效率的工作，你可以說：「我可以想像現在要放輕鬆很不容易。你要是能在星期四中午前做完事，我很樂讓你那天下午提早兩小時下班。」

大多數情況下這方法都能很快產生效果。

最需要的獎賞

工作是為了更好地生存和發展，因此也就有對於金錢和職位等方面的願望，但除此之外，人們更加追求個人榮譽。一份市場調查結果表明，百分之九十八的人希望主管對自己有好的評價，只有百分之二的人認為主管的讚揚無所謂。當被問及為什麼工作時，百分之九十二的人選擇了個人發展的需要。而人的發展是全面的，不僅包括物質利益方面，還包括名譽、地位等精神方面。

在工作上，大部分人都能兢兢業業地完成工作，每個人都非常在乎主管的評價，而主管的讚賞認同是下屬最需要的獎賞。

一、第一名的公司

在很多公司裡，職員或員工的薪資和收入都是相對穩定的，人們不必要在這方面費很多心思。但人們都很在乎自己在主管心目中的形象，對於主管對自己的看法非常細心敏感。主管的表揚往往很具權威，是確立自己在公司同事心目中價值和地位的依據。

有的主管善於就各種不同方面的能力替下屬排名，使每個人依不同的標準都能名列前茅，可以說是一種皆大歡喜的激勵方法。比如：小張是公司第一位博士生；小王是公司「舞」林第一高手；小鄭是電腦專家……人人都有個第一的頭銜，人人的長處都得到肯定，整個團體幾乎都是由各方面的優秀分子組成，這豈不正是一個活潑、積極的團隊嗎？

二、榮譽感和成就感

常言道：重賞之下必有勇夫。這是一種物質激勵的方法。物質激勵經常有很多限制，比如在政府機關裡，獎金並不是隨意可以發放的。下屬的優點和長處，有時候也不適合用物質獎勵。相比之下，主管的讚揚不僅不需要冒多少風險，也不需要本錢或代價，就能很容易滿足一個人的榮譽感和成就感。

當你經過一個多星期的晝夜奮戰，精心準備了一次大型會議而累得精疲力竭時，或者經過深思熟慮而想出一條解決雙方糾紛的妥協辦法時，你最需要什麼？當然是主管的讚揚和同事的鼓勵。

如果下屬很認真地完成了任務或得到了成績，雖然表面上裝得毫不在意，但心裡卻默默地期待著主管給予一番鼓勵和嘉獎。而主管一旦沒有關心，沒有給予公平的讚揚，他必定會產生一種挫折感，「反正主管也看不見，做好做壞還不是一樣」。

主管的認同是下屬工作的精神動力。同樣一位下屬，在不同的主管指揮下，工作精神可能判若兩人，這與主管是否善用激勵有很大的關係。

三、讚美法

主管的讚揚不僅表明了主管對下屬的肯定和賞識，還表明主管很關注下屬的工作，對其一言一行都很關心。有人受到讚美後會高興地對朋友講：「我們老闆還蠻關心我的，那件事做完連我自己都覺得沒什麼了不起，卻也被大大誇獎了一番，心裡還蠻爽的。」上下屬間互相若能有這麼好的看法，還會有什麼隔閡？

每個人都希望別人能夠肯定自己的優點和長處，在別人的稱讚中，肯定自己的價值。大家都希望在取得成績時能夠得到老闆的稱讚和認可。

身為老闆，不能忽視了下屬這種心理。要知道，稱讚下屬一方面是對其優點、成績的承認和肯定，另一方面還可以增加和下屬間的溝通聯絡。

稱讚的方式是多種多樣的，如直接讚美、間接讚美、超前讚美、中介讚美、轉借讚美等。

下面幾種方法可供參考：

★有明確指代的稱讚

如：「老李，今天下午你處理顧客退房問題的方式極為恰當。」這種稱讚是你對他能力的認可。

★帶有理由的稱讚

稱讚時若能說出理由，可以使對方領會到你的稱讚是真誠的。如：「要不是採納了你的建議，這次公司的損失就可能難估計了！」

★對事不對人的稱讚

如：「你今天在會議上提出維護飯店聲譽的意見很有道理。」這種稱讚比較客觀，容易被對方接受。

★對績效突出者的稱讚

這種稱讚，可以增強對方的成就感。如，辦公室祕書小高在一次競賽中獲得年度新聞稿件第一名。拿回證書後，經理立即給予小高很好的評價：「不錯喔！你那篇稿子我讀過了，文筆流暢，觀點突出。好好努力，會很有前途的。」

★該稱讚的時候就稱讚

這種稱讚與打鐵趁熱同理，容易被對方接受。

★適度稱讚

記住，稱讚不是瞎吹也不能胡說，一定要結合實際，根據他的表現，進行適度的稱讚。作為老闆，要能夠看到、看重下屬的長處。適度的稱讚，可以使下屬格外珍惜自己的優點，並格外努力。

疏遠和親密的界限

如果你離員工過於生疏，就會受到隔離疏遠；但是如果管理者與員工的關系過於親密，則會大大降低工作效率。因為離得太近，員工會視你為朋友式的老闆，也許會失去對你的尊重。應該與員工保持多遠的距離，的確是管理者應當注意的問題。

不論怎樣，主管都不應該將自己與員工的關係延伸到一些親密關係之中。而且你也不大可能成為他們最親密的朋友，除非你具有一個充當顧問的職業技能，否則你就會冒著很大的風險。

每個人的周圍都有著一種無形的界限，不可逾越，這是私人生活的界線，屬於內部思想和感情的界線，他們不願向外面的人透露。你應儘量使自己與員工具有某些相同的興趣，但你更應該限制自己的興趣範圍。

在日常工作中，人往往容易受自己喜歡的人所吸引。同樣地，身為主管，那些喜歡你的人也容易受到你的吸引。在工作中與喜歡的人在一起，因為花的時間多，相互之間瞭解得也更多，這種瞭解會將距離拉得更近。所以，要經常提醒自己，防止陷入情感的困擾之中。你要學會認識這種危險的信號，控制自己的腳步。

警告自己不要自欺欺人地以為花更多時間與某些員工在一起完全是出於工作的需要，絕不帶有個人的偏好。當你靠近個人情感的界線時，應仔細考慮一下其後果。一旦逾越，事情就可能變得無法控制。

與員工在工作中靠得太近，還會有其他的危險。你個人的威信可能大打折扣。一旦越過這一界線，會給員工造成一種印象，就是當你面對一個困難的決定時，他們以為你會跟他們站在同一邊，如果你的決定與他們期望的相反，他們會認為你不信任他們。你不應該與自己的員工以及老闆保持這類過於親密的個人關係，這種友誼會為工作帶來不便。

與員工相處時，應該保持專業角度。去看醫生時，你總是希望醫生對你的病情特別對待，但從專業角度來講，醫生不會對你表露任何個人情感，只會把你當成病人。這正是主管所需要的專業角度，在工作中要保持客觀性。當然也不是絕對不能表露自己的觀點、主意和正常的情感，要注意的是界限。

主管不應捲入員工的愛恨之中。當你從自己喜歡的員工面前走過時，提醒自己，時時詢問自己的動機，避免與他顯得過於親密。

與員工保持適當距離並非要求管理者整日神龍見首不見尾。相反地，當員工需要你時，要讓他們隨時可以找到你。隨時找到你，並不意味著你要露面。只是在員工需要時，你可以出現或被聯繫上。這種需要無法預知，只能在溝通暢通的基礎上培養出這種直覺。你要將員工放在首位，讓他們可以隨時打電話給你，發生問題時可以找你。

你還要讓員工知道，不必太依賴你，他們完全有能力自行解決某些問題。一些小問題可以自行解決，不必依賴於你。

你還要讓員工知道什麼時候找你最為合適。保證他們能夠根據你的時間表來控制他們的需求。最好是提供給員工在什麼時候可以找你的規律，這樣就可以避免出現相互衝突的時間安排。

拒絕下屬

在工作中，管理者難免要拒絕下屬的要求，這時候一定要注意一些基本原則和技巧，儘可能避免引起被拒絕者的不理解，甚至是不滿。

一、先表明態度

有的人對於要拒絕或是接受，在態度上常表現得曖昧不明，而造成對方錯誤的期待。導致你雖然想表示拒絕，卻又講不出口。

聽別人幾句甜言蜜語，就輕易地承諾下來的舉動，也是因為自己態度不明確所造成的。

二、回答「不」之前

雖然要明白表示，卻也不是叫你毫無顧慮地就表示「要」或「不要」。

語氣強硬地說「不行」、「沒辦法」，會傷害對方的自尊，甚至遭來對方的怨恨。對別人的要求要洗耳恭聽，對自己不能答應的事要表示抱歉，體諒對方拚命工作的苦心……這些都是你在回答「不」之前所應思考的，說話要留餘地。

三、要顧及對方的自尊

人都是有自尊心的，有求於別人時，往往都帶著揣測不安的心理。如果一開始就說「不行」，勢必會傷害對方的自尊，使對方不安的心理急劇加速，失去平衡，引起強烈的反感，從而產生不良後果。因此，不宜一開口就說「不行」，應該尊重對方的願望，先說關心、同情的話，然後再講清實際情況，說明無法接受要求的理由。由於先說了讓人產生共鳴的話，對方才能相信你所陳述的情況是真實的，相信你的拒絕是出於無奈，因而是可以理解的。

拒絕別人時，不但要考慮到對方可能產生的反應，還要注意準確恰當的措辭。你可以先稱讚他的優點，然後再指出缺點，說明不得不這樣處置的理由，對方也能更容易接受，甚至感激你。

四、降低對方的期望

凡來求你辦事的人，都相信你能解決這個問題，抱有很高的期望值。一般來說，對你抱有期望越高，越是難以拒絕。

在拒絕要求時，倘若講太多自己的長處，或過分誇耀自己，就會在無意中抬高了對方的期望，增加了拒絕的難度。如果適當地講一講自己的短處，就降低了對方的期望，在此基礎上，抓住適當的機會多講其他人的長處，就能把對方的求助目標自然地轉移過去。

這樣不僅可以達到拒絕的目的，而且使被拒者因得到一個更好的歸宿產生的愉快和欣慰心情，取代原有的失望與煩惱。

五、儘量使你的話溫柔緩和

當你想拒絕對方時，可以連連發出敬語，使對方產生可能被拒絕的預感，讓對方對於「不」有些心理準備。

談判中拒絕對方，一定要講究策略。婉轉地拒絕，對方會心服口服；如果生硬地拒絕，對方則會產生不滿，甚至懷恨、仇視你。

所以，一定要記住，拒絕對方，儘量不要傷害對方的自尊心。要讓對方明白，你的拒絕是出於不得已，並且感到很抱歉遺憾。儘量使你的拒絕溫柔而緩和。

六、讓對方明白自己的處境

　　一般來說一個人有事求別人幫忙時，總是希望別人能滿足自己的要求，卻往往不考慮給他人帶來的麻煩和風險。如果實事求是地講清利害關係和可能產生的不良後果，把對方也拉進來共同承擔風險，就是讓對方設身處地去判斷，這樣就可以使對方人望而止步。

　　由於共擔可能出現的風險，對方就能以不同的立場去想問題，體諒別人的難處。

不要輕易發火

下屬做錯了事不要馬上發怒。做錯事是難免的，管理者要細心分析他出錯的原因，以全方位的角度看待下屬。只能要求下屬少出錯，在重要環節上盡可能不出錯，然而一旦其在工作中出現了差錯，甚至造成一定後果時，管理者一定要冷靜處理，千萬不能火上澆油。沒有人希望自己的工做出現紕漏，因此一般情況下，下屬做錯了事，管理者不要急於批評，更不要發火。在這方面，有經驗的管理者往往先以安慰和平息事態為主，然後再詳細瞭解情況。無數事實說明，下屬在出了差錯之後，管理者越是心平氣和、寬宏大量，下屬就越能自覺地檢查自己的過錯，全力做好補救的工作。

身為老闆，受到下屬頂撞時不要發怒。一個管理者要成功地駕馭下屬，必須以

德感人，以理服人，以能力和績效取信於人。因此當下屬頂撞時，要特別冷靜，問問自己究竟錯在哪裡，千萬不要沉不住氣，急於把下屬壓下去。其實，採取職權壓制的辦法，到頭來也只能敢怒而不敢言，真正傷感情、丟面子的還是你自己。

在實際生活中，主管在家也是普通的一員，也可能有棘手的子女教育問題、家庭糾紛等煩惱。因個人私事引起情緒不好時，千萬不要對下屬發怒。有的管理者修養極好，不論在家中與家人發生什麼不愉快，哪怕是吵得不可開交，一進辦公室仍然像平常一樣，一點也看不出他心中的煩惱與情緒。另外也有這樣的主管，一旦在家中遇到不順心的事，或與親友、與鄰居、與行人發生了摩擦，就把情緒帶進辦公室，下屬一眼就能看出其神情嚴肅、餘怒未消，一反往日常態，這會令下屬如履薄冰，不得不小心翼翼地與其接觸。

把個人情緒發洩到下屬身上，本就是一件不道德的行為，與合格管理者的素質不相符。

下屬可以犯錯

任何下屬都不可能沒有缺點毛病，聰明的管理者應辨證客觀地看待這點，把握時機，在不斷的批評教育中幫助員工成長。可是有些管理者基於情面或其他原因，對下屬的缺點採取消極的做法，結果既耽誤了下屬的成長進步，又損害了自己的威信。管理者應該採取什麼樣的態度呢？

一、賞罰分明

某些下屬在工作上表現很好，但缺點或毛病也不少。如有人說話太衝，不分場合與管理者爭辯，有時讓人下不了台；有的各方面都不錯，就是愛貪小便宜等等。對此，有些管理者怕打擊了下屬的積極度，更怕自己失面子，因此平時對下屬的缺點不加點破，而展現在評功論獎、提拔和福利待遇等關係切身利益的問題上，這樣是錯誤的做法。對下屬的缺點或毛病，管理者要做到賞罰功過分明，不可礙於情面；獎勵更要公平，及時讓下屬認識到自身的缺點和不足，幫助下屬提高工作能力。

二、坦率直言

某些管理者或與某些下屬話不投機，或因自身不正、怕人說話，或是對某些問題，自己都搞不清楚，不能及時指出下屬的缺點和毛病，反而和下屬板著臉嘔氣，以為下屬能夠自悟。但這樣一來，下屬整天看著主管臉色，感到這也不是那也不是，無所適從，不但難以悟出自己到底錯在哪裡，反而覺得主管和自己過不去。

三、及時糾正

有的管理者對有才幹、成績突出的下屬，一味地遷就迴避，從不拒絕，直到鑄成大錯時已經來不及補救了。因此，對於下屬的成績要秉公處理，而非站在管理者個人感情的角度來評價。就算對於有功之臣的缺點或毛病，也要及時就事論事地批評指正。

四、下屬可以出錯

有的管理者常常抱怨下屬辦事不力，只是曾經把事搞砸過一次，就認為不可救藥。雖說強將手下無弱兵，然而強兵並不是天賜的，而是經由強將的手帶出來的。

有能力的下屬，是在不斷批評指導改進之中鍛鍊出來的。

五、胸懷坦蕩

有的主管對於和自己關係普通，或自己不喜歡的人不負責任。當發現這類下屬在工作、生活上有問題時，不是給予關心，而是抱持幸災樂禍的態度，放任員工陷入霉運。殊不知在幸災禍的同時，自己也失去了威信，甚至被下屬瞧不起，主管們一定要注意這些問題。

該怎麼罵人

作為老闆，不要輕易責怪下屬，而要試著去理解他們。試著了解，就是寬恕。

高明的管理者，在需要改變下屬的態度或舉止時，往往不會直接採取批評的辦法，而是替別人設想，考慮採取一些更隱蔽的方式，以取得最好的效果。

一、罵人選好時間

要罵人，首先必須有足夠的信任關係作基礎，在這樣的基礎上給予批評會比較恰當。假如被罵的人不信任你，不管你的見解再怎麼正確，對方依舊無法接受你的看法。其次，你提出的建議必須出於一片好意，這種情況下的批評才是比較適當的。當然，你必須真的幫得上忙才行。因此，身為主管應確實瞭解自己的動機如何，以及有無能力幫助對方。要以真正想幫助對方的心態去提出批評。

再其次，為了解決問題，哪怕被批評者對你而言具有相當的重要性，也有必要對其不妥的行為予以批評。請記住，單一個人的所有看法，不可能都是正確的，我們也很容易根據本身的需要、期望和個人經驗來看別人，為了有效地解決問題，你應該接納別人對問題的各種不同看法。

當你對自己的看法或判斷有疑問時，可以先找人商討一下，確定他們同意你的看法或判斷之後再開始批評。要知道身為主管，你的批評可能會成為「判例」，影響員工將來的行為。

二、沒有人喜歡被罵

沒有人喜歡被罵，但大多數人能接受建設性的批評。可是有些人對批評太過耿耿於懷，不論在什麼時候，即使只是最輕微的批評，他們都會面露不悅之色，採取自衛的態度。對這樣的人要有策略。首先，表揚他們工作中做得好的那部分，然後，議他們把你不滿意的那部分做得更好些。

凱希對批評十分恐懼，這使她在工作中非常小心。為了避免工作中出現輕微的錯誤，她總會檢查再檢查，並且不厭其煩地複查她做過的每一件事。這麼做當然可以大大減少她被罵的機會，但是很浪費時間，以致於整個部門的工作進度都受到影響。更糟的是，無論任何事她總是遲遲不能做出決定，並一再強調她需要瞭解更多的訊息，甚至當她獲得她需要的訊息後，還是推諉。

如果部門裡有像凱希這樣的人，你可以按照以下的方法幫助他們克服對批評的恐懼感：要使他們相信，以他們出色的專業知識，他們通常可以一次就把工作做好，並不需要反覆檢查。偶爾出現錯誤是在所難免的，一旦這些錯誤被及時發現並予以糾正，並不會影響本身的能力。在批評下屬的時候，千萬不要直率地說「你錯了」或者「你這樣太不應該了」之類的話，你可以這樣說：

★否定句改成疑問句

「你這樣做是不對的」，這是批評者常用的句子；「你這樣做對嗎？」這是疑問句。很顯然，否定句消極作用大，而疑問句則容易促使對方自我反省。

★第一人稱改第三人稱

「我認為你不對」，這是第一人稱；「大家都認為你不對」，這是第三人稱。這樣一改，緩和了批評者和對方的直接衝突，但被批評者的壓力卻反而增大了，他不能不考慮大家的看法。

★改批評為自我批評

以同樣的錯誤進行自我批評等於是現身說法。講的雖然是一樣的事，一樣的道理，言語即使激烈一些，但換一種方式對方聽起來便不會感到刺耳。另外，進行勸說性批評時，絕對要就事論事，千萬不要攻擊到對方的人格。

三、不同的人不同的罵法

不同的人由於經歷、文化程度、性格特徵、年齡等不同，接受批評的承受力和方式也有很大的區別。這時主管就要根據不同對象的不同特點，採取不同的罵法。不同的人對於同樣的批評，會有不同的心理反應，因為不同的人，性格與修養都是有區別的。

可以根據人們受到批評時不同反應將人分為遲鈍型反應者、敏感型反應者、理智型反應者和固執型反應者。反應遲鈍的人即使受到批評也滿不在乎；反應敏感的人，感情脆弱、臉皮薄、愛面子，受到斥責則難以承受，他們會臉色蒼白，神志恍惚，甚至會從此一蹶不振，意志消沉；理智的人在受到批評時會感到很大的衝擊，但能坦率認錯，從中記取教訓；固執型個性的人，自尊心強，個性突出，遇事衝動，心胸狹窄，自我保護意識強，心理承受能力差，明知有錯，也死要面子，受不了當面批評。

針對不同特點的人要採用不同的批評方式。對自覺性較高者，應採用自我批評的方法給予啟發；對於性格比較敏感的人，要採用暗喻批評法；對於個性耿直的人，採取直接批評法；對過錯嚴重、影響較大的人，應採取公開批評法；對思想麻痺的人應採用警示性批評法。

罵人時，可以運用多種方法。如：透過分析歷史人物是非，烘托其錯誤；透過分析現實人物的是非，暗喻其錯誤；透過分析正確的事物，比較其錯誤；還可採用故事暗示法，用生動的形象增強感染力；或是笑話暗示法，透過一個笑話，使對方認識錯誤，既幽默，又不至於使對方感到尷尬；軼聞暗示法，透過軼聞趣事，使對方在接受批評時，受到一點影射，也易於接受。總之，透過提供多角度、多內容的比較，使人反思領悟，從而自覺愉快地接受批評，改正錯誤，這才是我們所關心的問題。

對於十分敏感的人，批評不可太直白，要迂迴委婉。先承認自己有錯，再批評對方的缺點。例如這樣批評：「這件事，你做得不對，以後要注意。不過我年輕時也不會，因為經驗少也出過很多問題，你比我那時強多了。」

四、「三明治」罵人法

「三明治」罵人法，即在批評別人時，先找出對方的長處讚美一番，然後再提出批評，而且力圖使談話在友好的氣氛中結束，同時也使用一些讚揚的詞語。這種兩頭讚揚、中間批評的方式，很像三明治，故有此名。用這種方式處理問題，對方可能不會太難為情，也減少了因被激怒而引起的衝突。這種方法在很多情況下是有效的，由於批評者先提出了一些長處，有替對方辯護的作用。畢竟對方的能力、為人、工作等方面，都還有很多可以肯定的地方，批評者如果視而不見，對方可能會覺得不公平，認為自己的成績或長期的努力並沒有得到應有的重視，只因為一次失誤就受到責備。若批評者首先讚揚對方，就能避免這樣的誤會，主管既然對他的工作有所瞭解，他便知道受到批評是針對事情而不是個人，自然也就放棄了隨時要替自己辯解的做法。

當我聽到別人對我們的某些長處表示讚賞之後，再聽到他的批評，心裡往往會好受得多。

五、不拐彎抹角

有個主管在批評員工時，不是直接地指出不是和缺點，而是借刀殺人，拐彎抹角地說出是某人和你過不去，一則推卸了責任，二則不利於團結。錯就是錯，是非要明確，主管就要敢做敢為敢於負責，無論意見是誰提出來的，只要是事實，就要以自己的口氣提出來。

六、得饒人處且饒人

一次楚莊王因為打了勝仗十分高興，便在宮中設宴招待群臣，宮中一片熱鬧。楚王也興致高昂，請出最寵愛的妃子許姬，輪流替群臣斟酒助興。

忽然一陣大風吹進宮中，蠟燭被風吹滅，宮中立刻漆黑一片。黑暗中有人扯住許姬的衣袖想要親近她。許姬順手拔下那人的帽纓並趕快掙脫離開。然後許姬來到莊王身邊悄悄說：「有人想趁黑調戲我，我已拔下了他的帽纓，請大王快吩咐點燈，看誰沒有帽纓，就把他抓起來處置。」

這時，莊王不動聲色地對眾人喊道：「各位，今天寡人請大家喝酒，大家一定要盡興，請大家都把帽纓拔掉，不拔掉帽纓不足以盡歡！」

於是，群臣都拔掉自己的帽纓，莊王這才命人重新點亮蠟燭，宮中一片歡笑，眾人盡歡而散。

三年後，晉國侵犯楚國，楚莊王親自帶兵迎戰。交戰中，莊王發現軍中有一員將官，總是奮不顧身，殺敵在前，所向無敵。眾將士也在他的影響和帶動下，奮勇殺敵，鬥志高昂。這次交戰，晉軍大敗，楚軍大勝回朝。

戰後，楚莊王把那位將官找來，問他：「寡人見你此次戰鬥奮勇異常，寡人平日好像並未對你有過什麼特殊好處，你為什麼如此冒死奮戰呢？」

那將官跪在莊王階前，低著頭回答：「三年前，臣在大王宮中酒後失禮，本該處死。可是大王不僅沒有追究、問罪，反而設法保全我的面子，臣深深感動，對大王的恩德牢記在心。從那時起，我就時刻準備用自己的生命來報答大王的恩德。這次上戰場，正是我立功報恩的機會，所以我才不惜生命，奮勇殺敵，就是戰死沙場也在所不辭。大王，臣就是三年前那個被王妃拔掉帽纓的罪人啊！」

你對我到底有什麼意見？

你有沒有問過別人：「嗨，你對我到底有什麼意見？」這樣的問法，得到的回答很可能是些支吾之詞。但是，如果要好好管理和指導員工，就一定要能得到他們的反面意見。想成為有效的管理者就必須和大家溝通，明確表示你願意隨時聽取他們的意見。

一、徵求反面意見

不需和員工爭論或者試圖糾正他們的看法。應該感謝他們，並從他們的角度來理解這些意見，若可行就作為建議接受下來。要聆聽和考慮他們的意見，在企業內創造多元意見的氛圍，這樣才能做出明智決定。

透過徵求並接受反面意見，可以瞭解下屬對你有什麼期望，而不必去揣摩他們有什麼想法。比如可以這樣說：「我一直在考慮自己的管理風格。我知道大家覺得我……」後面再補上具體內容。這句話表明：你知道自己做的某些事不受人歡迎，也表示你對此是負責的。另外，由於你願意與對方談論一些個人的事情，聽者還會因此而感到自己受重視。

這是使別人站在與你同一邊的關鍵。他們會幫你實現你所希望的變化。不要講：「我聽說，你說我……」。這聽起來有指責的味道。不要牽涉到對方，只談自己。

二、採取坦誠的態度

讓對方就你所做的某件事評論，讓他說說看別人因此對你產生哪種看法。可以這樣問：「據你觀察，我處理這件事的方式會讓別人對我有什麼樣的看法？」這樣問就表明：你知道自己做的某些事情使大家產生了不同的想法，但你不知道是哪些事，而對方知道，對方可以告訴你。

若這些看法是你不希望造成的，並且你打算改變這種情況，可以這麼說：「你知道，我不希望別人這樣看我，我希望能做點改變。」你沒承認也沒有否認別人的看法，也沒有責備誰錯了。你只是說不希望別人用目前的這種方式看待自己，而且希望有所改變。光是這種做法，就可以使別人對你產生新的認識。要表明自己的誠意，就要以毫無威脅感的方式不斷徵求反面意見，即使受到批評也不要試圖辯解，不要嘗試糾正他們的觀點。最重要的是堅持聽取意見並與大家協商，直到達成共識。

三、他們希望你怎麼做

不要問出只需要「是」或「不是」就能回答的問題。因為這樣的問話方式，別人很可能為了避免可能出現的不快，而隨口附和你，但他們對你的看法卻不會有所變化。

只要你讓別人有機會表達出他們如何看待你或是你的所作所為，反過來他們也會提供給你一些訊息，幫助你更有效地管理，更好地與他們共事。最終，他們對你的看法也會改變，但這需要一定的時間。

如果你過去曾經把事情做得太絕，或者曾經讓別人懷疑過你的動機，就得要花更多時間取得大家的信任。

接受批評

任何人都難免有犯錯誤的時候，身為主管有時也要受到別人的批評，甚至是下屬的批評。面對批評，管理者要以怎樣的態度去面對，這代表著管理者的風格和素養。

下面是管理者在接受批評時，應注意的幾個問題：

一、不要猜測對方批評的目的

管理者在接受批評時，不應該妄加猜測對方批評的目的。如果對方有理有據，批評就應該是正確的。管理者應該將注意力放在批評的內容上，而不要去懷疑對方的目的。

如果對方感受到主管的懷疑，他可能選擇不對主管提供建議。久而久之，再也不會有人站出來提醒他。最後在管理和營運上面可能會發生無法彌補的錯誤。

二、不要急於表達反對意見

有些管理者性情比較暴躁，或者不太喜歡聽別人的意見。這時如果有人向他們提出批評，他們的第一個反應就是反駁。立即反駁並不能使問題得到解決，相反的還可能會產生矛盾衝突。

當對方提出批評時，管理者應該認真地傾聽，即便有些觀點自己並不贊同，也應該讓批評者講完。另外，管理者應該坦誠地面對批評者，表現出願意接受的態度。

三、讓對方說明批評的理由

有些人在批評時，喜歡將自己的意見概括起來，雖然說了一大堆，但很難讓人明白他想表達什麼。如果碰見這樣的人，管理者應該客氣地請對方講明批評的理由，最好能講出具體的事件。這樣做可以使你更加清楚地明白問題出在哪方面。另外，還可以讓無中生有的批評者知難而退。

四、承認錯誤的可能性，但不下結論

有時管理者對受批評的事情可能還不是很瞭解，在這種情況下，不論承不承認錯誤，都會使自己處在被動狀態。最好的辦法是承認批評的內容有一定的可能和合

理性，並且表示對批評者的觀點能夠理解，但不應該就批評本身下結論。

在此之後，管理者應該認真瞭解事情的始末，並認真地分析，最終針對批評做出客觀的評價。

面對衝突的勇氣

管理者與員工在日常的工作中，偶爾也會為某件事發生摩擦，甚至爭得面紅耳赤。一般事情過後，大多能夠握手言和。

美國迪卡爾財政公司經理狄克遜，在管理方法上就曾提出有摩擦才有發展的觀點。某次，狄克遜無意中說了一句話，刺痛了對方，雙方在失去控制的情況下激烈爭辯，把長期鬱積在內心的話傾吐了出來。

然而這次爭吵卻使雙方真正交換了想法，反倒覺得彼此的距離縮短了。此後雙方坦率相處，關係出現新的發展。

在人與人的關係中，在管理者與被管理者之間，時常出現敬而遠之的現象，這種現象使彼此的思想無法進一步溝通。越是敬而遠之，就越無法增加交換意見的機會和可能，這樣一來，偏見和誤解就會逐步加深。倘若能在合適的時機，透過一兩次摩擦和衝突，倒可能使多年的問題得到解決。

作為管理者應該敢於面對衝突，而不能一味遷就。透過衝突能進一步改善人際關係，使全體員工襟懷坦蕩、精誠合作。

管理者如果沒有面對衝突的勇氣，沒有解決衝突的能力，就難以改變惡化的人際關係，進而也就難以實行管理工作。因此，每個管理者都應就全局著想，認真對待這個問題，要善於處理面對面的衝突。

做為一名管理者，需要很多技巧和藝術，尤其是在處理員工與你的關係時，更應當設法讓他們佩服你，認真地完成自己的工作。

主管與下屬之間也有矛盾衝突的時候，主要是由於你們對工作有不同的期望和標準。

你希望工作儘快完成，而他們卻認為不可能。你對他們的表現很失望，他們也因沒有順利完成工作而很灰心。員工希望得到更好的工作條件，你卻不能滿足，還有的員工態度粗魯或者總是不恰當地奉承……這些情況都會對工作造成不好的印象，影響你在員工心目中的威信。因此，要樹立威信，就必須學會化解與員工之間的衝突，讓他們佩服你。

在你設法化解與員工之間的矛盾時，可以問以下幾個問題：

「我和員工的衝突到底是什麼？」

「為什麼會產生這種衝突？」

「為解決這個衝突，我要克服哪些障礙？」

「有什麼方法可以解決這次衝突？」

當你找到了解決的方法時，還要檢測這是否是有效的方法。另外，你還應當評估，假如按這種方法去做會出現什麼結果，以免到時不知所措。當然，如果你感到問題很複雜，可以找個專家諮詢，或找朋友談談情況，請他們為你出主意。

你的下屬鬧情緒，工作不積極，你認為這是一個需要解決的問題。透過詢問以上那些問題之後，你會發現，衝突在於你們對某種行為是否可以接受的認知上存在差異。因為他向你抱怨工作間噪音太大，而你卻不加注意，也沒請人進行改進。他認為老闆應當重視噪音，而你卻不願採取措施。

需要克服的障礙是他對你的不信任，和確實存在的噪音。解決問題的辦法是與他談話時注意技巧，並表示願意共同設法解決的態度。結果可能是他改變了對你的態度，噪音問題也得到了解決，也可能是他仍舊不合作，你不得不辭退他或為他調動座位。

一位管理者既要學習管理技巧，也要注意培養主管素質，增強自身的人格魅力，讓員工自願與你積極合作，共謀大事。對於有些稍有缺陷的管理者，更應當注意如何增強自身的素質，避免可能出現的衝突矛盾，達到最佳的合作狀態。

4.

認眞工作，做一名優秀的員工

在就業競爭異常激烈的今天，得到一份理想的工作固然不容易，但想要保住一份穩定的工作則更難。不少人費了九牛二虎之力，好不容易找到一份工作，可是沒有多久又因表現不足，重新成為失業者。究其原因，大都是沒有掌握職場和工作的要領，無法成為合格的員工。學會在工作和職場中表現自己，也是為人處世的一項重點。

工作上的自卑感

有一個外商公司女職員，在大學的時候是個十分自信、從容的女孩，成績在班上都是前幾名，外貌也很不錯，追求她的男孩子特別多。

畢業以後，她到一家外商公司上班，到職一個月之後，旁人驚訝地發現，原先十分活潑可愛、話很多的她，竟然像換了一個人似的，不但說起話變得羞答答，連行為也變得畏頭縮尾。

而且說起一些事情時，總是顯得特別沒自信，和大學時候的自信形成鮮明對比。每天上班前，她為了穿衣打扮能夠花上整整兩個小時的時間，為此不惜早起，少睡兩個小時。她之所以這麼做，是怕自己打扮不好，穿著不合適，而遭同事或老闆恥笑。在工作中，她更是戰戰兢兢，十分小心翼翼，甚至到了謹小慎微的地步。

是什麼使她有如此突然的變化？為什麼原來活潑自信的她，到了外商公司就變得自卑了呢？是不是她工作做得不好屢遭批評？

其實，並不是因為她的工作績效不如別人。她之所以自卑，主要是心理上的原因。

到了外商企業之後，由於發現別人的服飾舉止都顯得特別高貴得體，她突然感覺到自己像個小家碧玉，上不了檯面。她對自己的衣著產生了深深的憎厭，所以，第二天她就跑到名牌精品店去，可是當時第一個月的薪水還沒有發，她買不起那些名牌服裝，只好空著手回來了。

第一個月，她都是低著頭度過的，不敢抬頭看別人身上的正宗名牌西服、裙子，因為一看就會感覺到自己的窮酸，她恨自己的貧窮。

治裝還是小事。她和同事們的另一個不同在於，她們平時用的香水都是法國進口品牌，她們所到之處，處處清香飄逸。而自己用的只是國產的平價香水。

女人與女人之間，總是很愛聊生活上的瑣碎小事。而所謂生活上的瑣碎小事，主要當然就是衣服、化妝品、首飾什麼的。而這些，她幾乎都沒有。她覺得自己在同事中間顯得十分孤立，也十分羞赧。

在工作上，她也感到不適應。同事們工作都很緊張急促，一天八小時，從第一秒到最後一秒，都是安排滿檔，而且都要充分利用。在平時的工作中，同事們都是全力以赴，大氣都不敢喘一口，連上廁所都要用跑的。

而她才剛從學校畢業，一開始根本不能適應這種作風。於是她在工作的第一個月，屢遭老闆的指責，她感到非常委屈。

還有一點讓她覺得抬不起頭來：

剛進公司的時候，她還要負責做清潔工作。早上和晚上，剛上班時和將下班時，她都得拖地、擦桌子。第一天她還想提出一點意見，但老闆告訴她，新來的職員都要這樣做。看著同事們悠然自得地享用著她倒的開水，她覺得自己簡直是個清潔工。這也加強了她的自卑感。

漸漸地，她開始嚴重自閉，覺得自己處處不如別人。其實她的自卑完全是自己跟自己過不去，是她自己的認知有誤才導致的結果。

就生活來說，一個大學剛畢業的人穿著打扮上不如別人，同事多半不會十分介意，因此自己也沒有必要耿耿於懷。

至於工作，剛畢業的學生需要適應期、磨合期，這也是正常的。在磨合期裡受點批評甚至訓斥，也在情理之中，只要自己認真改過，老闆和同事完全能夠諒解。而多做些掃地的工作是應該的，其實其他老同事也都是這樣一步步走過來，他們也不會因此產生高傲感。

因此，剛進入職場工作崗位的人，不管遇到什麼不順心的事，都不應該產生自卑感。

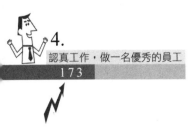

從今天開始就好好地認真工作

富蘭克林說：「把握今日等於擁有兩倍的明日。」今天該做的事拖延到明天，然而明天也無法做好的人，佔了大約一半以上。應該今日事今日畢，否則可能無法做大事，也不太可能成功。所以應該經常抱著「必須今日去做完它，一點也不可偷懶」的想法去努力才行。

歌德說：「把握住現在的瞬間，把你想要完成的事物或理想，從現在開始做起。只有勇敢的人身上才會賦有天才、能力和魅力。因此，只要做下去就好。在做的歷程當中，你的心態就會越來越成熟。能夠開始的話，那麼，不久之後你的工作就可以順利完成了。」

有些人在開始工作時會產生不高興的情緒，如果能把不高興的心情壓抑下來，心態就會愈來愈成熟。而當情況好轉時，就會認真地去做，這時候就已經沒有什麼好怕的了，而工作完成的日子也會愈來愈近。總之一句話，現在就必須馬上開始進行工作，才是最好的方法。

雖然只是一天的時光，也不可白白浪費。一位兼職打工者在年終收到老闆忠告說：「希望明年開始，你能好好認真地做下去。」可是那位打工者卻回答：「不！我要從今天開始就好好地認真工作。」雖然老闆說明年，其實就是要你現在開始的意思。要有「就從今天開始」的精神，才是最重要的。

凡事都留待明天處理的態度就是拖延，這不但阻礙進步，也會加重生活的壓力。對某些人而言，拖延是一種心病，它使人生充滿了挫折、不滿與失落感。

雖然大多數人拖延的主要原因只有一個——害怕失敗。但喜歡拖延的人總是有許多藉口：工作太無聊、太辛苦、工作環境不好、老闆腦筋有問題、完成期限太緊等等。

所以，從現在起就下定決心。拿起筆來，將底下對你最有用的建議畫條線，並且把這些建議寫在另一張紙上，再將它放在你觸目可及的地方，如此將可助你完成改變自己的行動。

一、列出你立即可做的事

從最簡單、用很少的時間就可完成的事開始，列出你可以馬上著手去做的事。

二、持續五分鐘的熱度

把鬧鐘設定每五分鐘響一次，要求自己針對已經拖延的事項連續不斷地做五分鐘。時間到時，停下來休息一下。休息時，可以做個深呼吸，喝口咖啡。之後，欣賞一下這五分鐘的成績。接下來重複這個過程，直到你不需要鬧鐘為止。

三、運用切香腸的技巧

所謂切香腸的技巧，就是不要一次吃完整根香腸，最好把它切成小片，小口小口地慢慢品嘗。同樣的道理也可以適用在工作上：先把工作分成幾個小部分，分別詳列在紙上，然後把每一部分再細分為幾個步驟，使得每一個步驟都可在一個工作日之內完成。每次開始一個新的步驟時，不到完成，絕不離開工作區域。如果一定要中斷的話，最好是在工作告一個段落之後，以便接續時容易銜接。不論你是完成一個步驟，或暫時中斷工作，記住要為已完成的工作給自己一些獎勵。

四、把工作的情況告訴別人

讓關心這份工作的人知道你的進度和預定完成的期限。注意「預定」這個詞彙。告訴別人的同時，除了會讓你更能感受到期限的壓力外，還能讓你有機會聽聽別人的看法。

五、在行事日曆上記下所有的工作日期

把開始日期、預定完成日期、其間各階段的完成期限記下來。不要忘了切香腸的原則：分成小步驟來完成。一方面能減輕壓力，另一方面還能保留推動你前進的適當壓力。

六、保持清醒

有拖延惡習的人總是覺得疲倦不堪。你以為閒著沒事會很輕鬆嗎？其實，這是相當累人的折磨。不論他們每天多麼努力地決定重新開始；也不管他們用多少方法來逃避責任；該做的事，還是得做，壓力不會無故消失。事實上，隨著完成期限的迫近，壓力反而與日俱增。

奇怪的是，這些經常喊累的拖延者，卻可以在健身房、酒吧或購物中心流連數個小時，而毫無倦意。但是，看看他們上班的模樣！你是否常聽他們說：「天啊，真希望明天不用上班！」帶著這樣的念頭去健身房、酒吧、購物中心之後，只會讓工作壓力越來越大。

要克服因拖延所帶來的疲累感，不妨試著從工作中尋找努力的意義，或是尋求某種你信服的價值觀或做事方法。想想工作完成後的成就感。如果你缺乏目標，那麼你的工作不是讓你精疲力竭，就是讓你覺得無聊透頂。

化繁為簡，獲得事半功倍之效

瞎忙很容易，難的是有成效地工作。而化繁為簡，善於把複雜的事物簡明化，是防止忙亂、獲得事半功倍之效的法寶。工作中，我們經常看到有的人善於把複雜的事物簡明化，辦事又快又好，效率高；而有的人卻把簡單的事情複雜化，迷惑於複雜紛繁的現象，使複雜的事物越複雜，結果只能陷在雜事裡走不出來，工作不但忙亂被動，辦事效率也極低。這兩種類型的人其工作效率的高與低，就在於能否運用化繁為簡的工作方法和藝術。

唐納德・C・伯納姆在《提高生產率》一書中講到提高效率的「三原則」。為了提高效率，每做一件事情時，應該先問三個「能不能」：能不能取消它？能不能把它與別的事情合併起來做？能不能用更簡便的方法來取代它？根據這個啟示，我們在檢查分析每項工作時，首先問一問以下六個問題：

★為什麼這個工作是需要的？是根據習慣而做的嗎？可不可以把這項工作全部省去或者省去一部分呢？

★這件工作的關鍵是什麼？做了這件工作之後會出現什麼過去沒有的新效果？

★如果必須做這件工作，那麼應該在哪裡做？既然可以邊聽音樂邊輕鬆地完成，還用得著呆在辦公桌旁冥思苦想嗎？

★什麼時候做這件工作好呢？是否應該在工作效率最高的時間裡做最重要的工作？是否為了能專心進行重要工作，用了整天的時間把其他事情做完，結果把時間用光了，而所完成的的只不過是些枝微末節的小事？

★誰做這件工作最好呢？是自己還是安排別人去做？

★這件工作的最好做法是什麼？是應抓住主要問題迎刃而解，收到事半功倍的效果？還是應採取最佳方法而提高效率？

在對每一項工作分析檢查之後，再採取如下步驟：

★省去不必要的工作。

★使工作順序合理，做起來得心應手。

★能夠合併進行的工作儘量合併起來做。
★盡可能使雜七雜八的事務性工作簡單化。
★預先訂好下一項工作的程序。

增強工作預見能力，走一步，看兩步，想三步，提高決策的效率和準備，減少決策過程的時間，並使決策無誤。

無論在工作中，還是在生活裡，為了提高辦事效率，就必須下決心放棄不必要的部分，用簡便的方式代替那些費時費力的活動。

如有的人儘量減少大腦的儲存負擔，以提高大腦的處理功能；把書籍區分為必讀、可讀可不讀和不必讀的書，必讀的書永遠先讀，以增加裨益。

有的人採取減法生活，擺設不求齊全只求夠用就好，以減少整理的時間；穿戴不過分講究，以減少換洗保存時間；購買回家就能直接下鍋的食材，以減少烹調時間，等等。

「有序」是時間管理的重要原則。一位著名科學家說：「無頭緒地、盲目地工作，往往效率很低。正確地安排自己的活動，首先就意味著準確地計算和支配時間。雖然客觀條件難以做到，但仍然盡力堅持按計劃，每分鐘精算並利用時間經常分析工作計劃未按時完成的原因，就此採取相應的改進措施。即使在不從事科學工作的時候，我也非常珍視一點一滴的時間。」

應該記住：明確自己的工作是什麼，並使工作組織化、條理化、簡明化，就能最有效地利用時間。

保持高效率的基本法則

西方學者提出保持高工作效率的六大基本法則：

一、培養動力

成功的第一條法則是具備動力，懂得如何去激發它非常重要。

動力是一種積極主動去做事的願望，是懷著一個特定的目標，從一點向另一點移動，向新陣地前進的願望，是去成就既定工作的願望。有些人從小就有這種動力，他們一心一意地去做每一件事，必然獲得成功。另一些人只是在他們願意或不得不去做的時候，才付出努力。

發揮動力的最佳方法也許是這樣的：把你一天的時間分割成儘量小片的部分，把每一部分都當作是獨立且有價值的。一旦把工作拆成許多小部分，你就能投身於其中之一，把它完成，然後再繼續做下一項。這樣會使你改變速度，並且不斷享受完成任務的清新之感。

多年前，米切爾教授也經常在焦躁和惱怒的情緒中開始一天的工作。來到辦公室，桌子上已是一片文件海洋，電話鈴在響，人們在排著隊等待會見。等到十一點鐘，他已被搞得過度緊張，筋疲力盡了，只怨工作了兩個小時，一件事也沒完成。最後他斷定，一定要在每天的最開始完成一件事，不管它多麼瑣碎。

他決定在第一個小時回覆信件，不接電話，不會見任何人。當他讀完信並回覆了它們，在需要採取措施的地方採取了措施之後，他便階段性的完成了工作了。

二、控制惰性

很多人之所以失敗，是因為他們對於棘手的工作拖著不辦。他們被惰性所控制了，而如果讓惰性發展下去，它會產生一種永久的慣性。克服的辦法是利用它，讓消極的力量轉化為積極的強制力。

假設你有一項較大型的專案，它需要花費幾個小時去完成。你對自己說，把它做完了之後，我又可以清閒了，現在阻礙我的就是這項工作。然後，就像它是你的敵人一樣，向它進攻，把它打跑，你便為自己贏得了休息的時間。

一旦你學會利用自己的旺盛精力之後，你便能夠在一段較長的時間裡運用它了。關鍵在於一開始就要激發它，等到運用自如時，你會馬上發現這是用之不竭的力量源泉。

記住，著手某件事情後，就去完成它。精力在成功之中獲得更新，而在事情的拖延之中衰竭。如果在早晨開始之時就猶豫不決，那麼一整天你都會繼續這種狀態，不斷地消耗精力。

三、順乎自然

許多人總是在與自己的習慣和行為方式中每天鬥爭度日，再沒有比這更具有破壞力了。假如你不是一個早起的人，就不要把重要的工作放在一天才剛剛開始時壓迫自己。而如果你喜歡早睡早起，那就首先去做最困難的工作。

假如你想豐富自己的日常工作，那就要設計一個切實可行而且行之有效的計劃。但它必須是靈活可變的，以便使你不時地改變工作速度。當然，你將不得不一次又一次地妥協，但要記住，與自己的意願鬥爭所消耗的精力越多，用於工作中的精力就越少。

四、抵制厭倦

厭倦對一個人的元氣損傷是無可比擬的。假如你陷入了使你活力減退的煩躁之中，按下列方法作一番嘗試：和自己打賭，在一天結束之前，你若能完成必須完成的工作，就給自己獎勵。每天給自己一個主要目標。無論放棄什麼，都要達到這個目標。在一星期中訂定一天為「追趕」日，這樣在其他日子裡就可避開大部分瑣碎和惱人的事。做每件工作都給自己一個時間限制。大多數人對於眼前的截止日期比較能夠集中精力。

不要把下一天當作時間進程的延續，那樣沒完成的工作便很容易被推遲到第二天。有成就的人在制定目標時，總是著眼於每一天的成就，讓每一天都有特定的收穫。

這種緊迫感自然會激發全神貫注工作的無窮力量。因此要學會把每一天視為一個獨立的時間單位，並且用你當天所完成的工作，來評價自己的表現——不是用昨天，也不是明天。

讓自己滿懷熱情地去工作

對自己的工作抱有熱忱的人，不論多麼困難，始終會用不急不躁的態度對待。只要抱著這種態度，任何人都會成功，都可以達到目標。

愛默生說過：「有史以來，沒有任何一件偉大的事業不是因為熱忱而成功的。」事實上，這不是一段單純而美麗的話語，而是邁向成功之路的指標。

怎樣才能提高工作的熱忱呢？下面有幾條規則可供借鑑：

一、全面瞭解你的工作及其意義

瞭解一項工作，可以增加熱情。公司培訓推銷員的時候，教育訓練的內容也包含了產品的製造細節，雖然這些知識在推銷的時候很少派上用場。但是對自家產品的徹底瞭解，會使得推銷員面對顧客的時候能夠更有權威和熱情——也開拓了更好的銷路。

我們對任何一件事知道得愈多，就會對它產生愈強烈的熱情。所以如果你對工作不夠熱情，便該找出其中的原因，很可能是你對工作內容了解得不夠多——或是不瞭解自己對整個流程所做的貢獻。

二、訂出一個明確的目標

一個人必須確定他的視野，如果立志要成功的話，必須知道自己正在為什麼目標而工作，然後才可能鍥而不捨地完成它。一個目標明確的人，就不會因為挫折和失敗而洩氣了。你還必須確定好對未來的希望，弄清楚目標和期望，並嘗試努力完成目標，而不要做那些模糊與不可能實現的白日夢。

三、天天替自己加油打氣

許多相當成功的人都發覺這是個激發熱情的好方法。

新聞分析家卡特本說，他年輕的時候在法國當推銷員，每天走訪一戶又一戶的人家，出發以前都要對自己說一番勉勵的話。想充滿活力，不妨每天早上對自己說：「我愛我的工作，我將要把我的能力完全發揮出來。我很高興這樣活著——我今天將要百分之一百地活著。」

四、讓自己為別人服務

一個以自我為中心的人，總是一隻眼睛注視著時鐘，另一隻眼睛注視著薪水，這樣的人必定很令人厭煩，而且不會成功。為別人服務會產生熱忱——許多有能力的人願意選擇低薪的社會服務，而不去從事更有前途的職業以賺取更多的錢，這就是例證。現代人的成功離不開與人的合作，單打獨鬥也許能得到暫時的成就，但是最後失敗的也很多。我們應該讓大家都伸出援助的雙手，而不是把他們的腳伸出來絆倒我們。只有你自己產生為別人服務的思維，才能期望這種效果。

五、結交熱心的朋友

從某種程度上說，我們沒有辦法控制自己的工作環境——但是我們可以嘗試結交朋友，刺激自己以更有創造力的方式思考和生活。如果你希望自己充滿熱心，就要設法生活在機警、有活力而且清醒的朋友之中。每一個團體都有這種人——要把找出這種人當作職責，並且主動和他們交往。另一方面，就是要避免和那些悶悶不樂、缺乏熱心、把他們的腳步和心思消磨在天天不變的例行工作上的人交往。

培養與他人密切合作的能力

成功者的道路有千千萬萬，但總有一些共同之處：團結合作是許多成功人士的共同特性。

合作是一件快樂的事情，有些事情人們只有互相合作才能完成。美國加利福尼亞大學副教授查爾斯・卡費爾德對美國一千五百名取得了傑出成就的人物進行調查和研究，發現這些傑出成就者的共同特點之一就是和自己競爭而不是與他人競爭。他們更注重的是如何提高自身的能力，而不是考慮怎樣擊敗競爭者。

事實上，擔心競爭者的能力可能比自己優勢，往往正是導致自己擊敗自己的原因。多數優秀者關心的重點在於是否按照自己的標準盡力的工作，如果眼睛只盯著競爭者，那就不一定取得好成績。

為了與他人密切合作，你需要培養以下幾個方面的能力：

一、積極的參與

在團體中，每個成員都應該具有奉獻意識，並有責任做出貢獻。在許多團體場合，有的人喜歡讓別人出頭，而自己卻靜靜地坐在那裡，擔任一個感興趣的旁觀者。這樣做的結果是，你將無法培養社交能力，無法贏得團體中其他成員的尊重，更無法對團體的決定施加影響。

既然你對團體的最終決策負有同樣的責任，無論你喜歡呈現積極態度或保持沉默，都可以貢獻你的聰明才智。如果你不敢拋頭露面，大膽地表述自己的觀點，或覺得你的觀點不如他人有價值，那麼，你首先需要的是排除這種消極意識。

如果你感到憂慮和焦急，那麼，你需要迫使自己邁出第一步。萬事起頭難，隨著這些不合理的怪念頭減退，以及自信心的增強，你就能積極地參與團體活動，為團體的發展做出應有的貢獻。

二、具備有效討論的能力

有效討論的能力至少應包括：

★清楚地表達你的觀點，並提供支持的理由和根據。

★認真聆聽他人的意見，努力瞭解他人的觀點及其支撐的理由。

★直接對他人提出的觀點做出回答，而不只是簡單地闡述你自己的觀點。

★提一些相關的問題，以便全面地探究正在討論的專案，然後設法找出解答。

★把注意力放在增加瞭解上，而非不計代價地證明自己觀點的正確性。

三、尊重團體的每一位成員

這是保證合作成功的基本準則。雖然你可能確信自己比其他的參加者更有知識，但重要的是，你要讓他人充分地表達自己的觀點，而不要隨意打斷，或表現出不耐煩，做到這一點對於團體正常地發揮功能是很有必要的。在某些場合裡，倘若其他成員不同意你的分析或結論的情況，即使你確信自己是正確的，也需做出必要的妥協和讓步。如果做不到這一點，就接受現實，盡你所能闡述自己的觀點，力使他人能夠接受。

四、鼓勵他人提出多樣化的觀點，不要過早對觀點作判斷

除了提出自己的觀點外，還應該鼓勵其他成員也提出各自的觀點。在他人提出自己的觀點之後，要給出積極並有建設性的回應。

五、客觀地評論觀點，而不意氣用事

當團體對其成員提出的觀點進行評論時，應該運用批判思考的技能。比如：爭論點是什麼？這個觀點是如何闡述問題的？提出這個觀點的理由和根據是什麼？它的風險和弊端是什麼？重要的是，要讓團體成員意識到評論的對象是「觀點」，而不是提出觀點的「人」。

最常見的思考錯誤是，僅從個人的愛好或偏見出發，而非對人們提出的觀點進行評價，把矛頭指向個人。對有挑戰性的觀點應該做出這樣的回答：「我不同意你的看法，原因是……」而不應該說：「你真無知」。只有如此，才能進行良好的溝通，而不會惡語傷人。

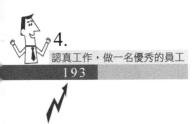

工作中出錯時不必忙著為自己解釋

如果你做一件事情失敗了，為了替自己辯護，你開始忙於解釋，向所有瞭解事情經過的人解釋。說你當時太緊張，說你那天家裡突然發生了一場事故，說當時的客觀條件產生了戲劇性的變化。

你可以說出許多理由為自己解釋。儘管這些理由全是真的，儘管人們在聽你解釋時會不住地點頭，儘管你為自己解釋花去了大量的精力，但最後換來的又會是什麼呢？是人們的同情？還是人們真正的理解？

假如失敗後，你把人們的種種議論和白眼都棄之腦後，默默地去找出失敗的原因，探索解決的對策，重新開始，並用最短的時間獲得成功。這樣一來，無需解釋半句，人們就會從內心開始改變對你的看法，因而佩服你。

如果你無意間說錯了一句話，傷害了朋友，為了不影響你們之間的友誼，你開始向朋友解釋，說當時昏了頭，絕對不是有意的。

朋友的反應或許是不以為然，並且立刻與你發生爭執；或許轉身離開，此後與你分道揚鑣；或許當時表示諒解，但在你們兩個人的心裡，將永遠留下這個不愉快的印記，此後你與朋友說話可能開始不太自然，朋友也會因此而產生各種猜測，為你們的友誼帶來損害。

假如你不作任何解釋，朋友或許當下沒有留意；或許認為話雖然重了一點，但你們的友誼有深厚的基礎，說話隨便無關緊要；更重要的是今後你繼續真誠對待朋友，朋友自然會以為你當時的失言是無心的，友誼更加牢固。

如果你付出了大量的心血，達成驚人的績效，但卻沒有得到應有的報酬，你便開始解釋，向老闆解釋，向同事解釋，闡述你的艱辛。

不管用多麼委婉的言辭和謙恭的態度，都可能會引起人們的反感。主管認為你想邀功請賞，同事認為你自吹自擂。你非但得不到應有的報酬，反而會把自己放在一個尷尬的境地。

相反，假如此時你一言不發，但人們的眼睛是雪亮的，你一定會獲得多數人的同情。即使有人從中作梗，也阻擋不了同事的眼光，你終會使人們心悅誠服。

人非聖賢，每個人都會出現失誤，都可能遭到誤解。有時解釋可以消除雲霧，但有時解釋不但是多餘的，反而會增添煩惱。

記住：如果你實在想解釋，就用行動和事實說話吧！

5.

學會幽默，使生活氛圍更融洽

幽默是一種優美的、健康的品格，是人與人之間的潤滑劑，是一顆敏銳的心靈在精神飽滿、神氣洋溢時的自然流露。善用幽默能使人相處得更融洽，使彼此的關係更和諧。哪裡有幽默，哪裡就有活躍的氣氛；哪裡有幽默，哪裡就有笑聲和成功的喜悅。

學點幽默的技巧，作一個幽默的人，你就會到處受歡迎。

把幽默當作一種修養

「幽默是一種優美的、健康的品格。」幽默也是一種修養，一門知識。「世界上沒有哪一個偉大的革命家、藝術家是沒有幽默感的。」

幽默的力量是驚人的。吳敬梓的幽默，產生了《儒林外史》；塞萬提斯的幽默，產生了《唐吉訶德》；果戈理的幽默，產生了《欽差大臣》和《死魂靈》；而契訶夫的幽默，則猶如母雞下蛋，產生了《套中人》、《一個官員的死》等一系列傳世精品。

《紅樓夢》第四十回劉姥姥大觀園鬧宴的故事，或肖洛霍夫《被開墾的處女地》中舒卡爾老爹買馬的故事，或安徒生的童話裡《國王的新衣》。這些故事是那麼有趣，那麼地耐人尋味。再看看卓別林的表演吧！他那精湛的幽默藝術，又使多少人為之傾倒。

假如人可以分為開朗和沉悶，那麼富有幽默感的人，可謂是開朗的人。與開朗的人相處會使人感到愉快，而與缺乏幽默感的人相處，則是一種負擔。「酒逢知己千杯少，話不投機半句多」這句話，不也正證明這一點？同樣的，一篇充滿幽默的文章，會令人精神為之一振，而一場毫無幽默可言的演講，卻叫人昏昏欲睡。

在日常生活中，還會遇到這樣的情形：有的人只要熟悉，你盡可以和他說說笑笑；有的人卻不然，平時雖然很熟，但你若和他說個笑話，他會馬上一反常態，使你處於尷尬的場面，弄得你啼笑皆非。雖然幽默並不一定都會使人發笑，但幽默感一定可以發人深省。

幽默的人善於控制自己的表情，喜怒哀樂，或見之於形，或藏之於心，瀟灑而自然。缺乏幽默感的人，嚴肅多於歡悅，不該嚴肅的時候嚴肅，不該正經的時候正經。

幽默和度量有關，缺乏幽默感的人，也往往比較容易生氣；幽默與性格的內向外向無關，性格內向的人，並不一定就是沒有幽默感的人；有的人樂於自我幽默，有的人則相反，這或許是性格不同的緣故吧！

幽默是潤滑劑。在人與人之間，當衝突發生時，只有缺乏幽默感的人，才會把事情弄得越來越僵。而幽默者卻不同，幽默在某些情形下，會產生一種神奇的效果。

但幽默決不意味著惡語相識，幽默和惡語是不相容的。幽默是一種好的素質，惡語相識卻是一種不好的行為；幽默來自智慧，惡語來自無能；幽默為人們釀出歡樂，惡語為人們製造痛苦。幽默不同於庸俗。庸俗是低劣的，幽默是高雅的；庸俗使人討厭，幽默惹人喜歡；庸俗會使生活受到污染，幽默則使生活顯得生氣盎然。

幽默不是病態，不是故弄玄虛，更不是矯揉造作。幽默是自然美的表現。正如高爾基所說：「愉快的笑聲，正是精神健康的可靠標記。」

與飲食不能過量、勞動不能過度、思考不能過勞一樣，幽默也是有分寸的，失去分寸的幽默，也就不算是幽默了。

幽默話語怎樣形成？它的產生靠哪些條件呢？幽默話語在語言藝術中，形成的基礎和條件是：

一、要有情趣和樂觀的信念

恩格斯曾經說：「幽默代表人對自己的事業具有信心，並且是自己佔著優勢的標誌。」幽默的談吐建立在說話者思想健康、情趣高尚的基礎上。它對人提出善意的批評和規勸，也代表提出規勸的人有著較高的思想層次和涵養。一個心地狹窄，思想頹廢的人是不會幽默的。

幽默永遠屬於熱心腸的人，屬於生活的強者。幽默者品德要高尚，要心寬氣朗，對人充滿熱情。老一輩革命家，在與群眾談話時，話語間便會流露出一定的幽默感，使人感到分外熱情、親切，這當然與他們具有崇高的信念和樂觀的精神有關。

二、要有較高的觀察力和想像力

幽默的談吐具有反應迅速的特點，這就要求說話者思維敏捷、能言善辯，而這些又來自於對生活的深刻體驗和對事物的認真觀察。具有較高的觀察力、想像力，才能透過比擬、移時、降用、比喻、誇張、雙關等方式說出幽默的話語。

三、要有較高的文化素養和語言表達能力

幽默的談吐是聰明才智的標誌，它要求有較高的文化素養和較強的駕馭語言能力。一個人語言修養高、文化知識豐富，對古今中外，歷史典故，風土人情，各式各樣的事情都有所瞭解和掌握，再加上詞彙豐富，語言表達方式靈活、多樣，這樣他平時講起話來就自然，因此也就容易活潑、生動、有趣。

最後，要強調的是，幽默只是手段，並不是目的。不能為幽默而幽默。一定要根據具體的題旨語境，適當選用幽默話語。

另外，人的能力不一樣，有的會幽默，有的不會幽默。不會幽默的不必強求，否則故作幽默，反而會弄巧成拙。

幽默能拉近和別人的距離

我們在生活中，總是不斷地交替扮演著主人和客人的角色，因此我們有可能要去應付不合理的要求、令人不快的行為、鬧得不像話的場面。有時候為了化解困境，沒有任何合適的方式，只有依靠幽默的力量。

當百貨公司大拍賣，購物的人潮又推又擠的時候，每個人的脾氣都猶如槍彈上膛，一觸即發。

有一位女士憤憤地對結帳小姐說：「幸好我沒打算在你們這兒找『禮貌』，在這兒根本找不到。」

結帳小姐沉默了一會兒說：「妳可不可以讓我看看妳的樣品？」

那位女士愣了片刻，笑了。

作家歐希金也曾以幽默擺脫了一個困境。他在《夫人》一書中曾經提過美容產品大王盧賓絲坦女士。後來在一次家宴中，一位客人不斷地說他不應該寫這種女人，因為她的祖先燒死了聖女貞德。

其他客人都覺得很窘，幾度想改變話題，但是都沒有成功。談話越來越令人受不了，最後歐希金自己說：「好吧，那件事總得有個人來做，現在你差不多也要把我燒死了。」這句話馬上使他從窘境中脫身出來。

每一個有經驗的老闆都知道，要使下屬能夠和自己齊心合作，就有必要讓別人感覺自己有人情味。

有一位年輕人當上了董事長。上任第一天，他召集公司職員開會。他自我介紹說：「我是傑利，是你們的董事長。」然後打趣道：「我生來就是個主管人物，因為我是前董事長的兒子。」

參加會議的人都笑了，他自己也笑了起來。他以幽默來證明自己能以公正的態度來看待自己的地位。實際上他也委婉地暗喻了：正因為如此，我更要好好地打拼，讓你們改變對我的看法。

有時我們確實需要以有趣並有效的方式來表達人情味，為人們提供某種關懷、情感和溫暖。據說有位大法官，他寓所隔壁有個音樂迷，常常把音響的音量放大到使人難以忍受的程度。這位法官無法休息，便拿著一把斧頭，來到鄰居門口。

他說：「我來修修你的音響。」

音樂迷嚇了一跳，急忙表示抱歉。法官說：「該抱歉的是我，你可別到法庭去告我，瞧我把凶器都帶來了。」說完兩人像朋友一樣笑開了。

這就是趣味思考法——不要正面表示或回答問題，而是用愉悅的、迂迴的方式表示或回答問題。

著名足球教練羅克尼，也是個善於進行趣味思考的人。有一次球賽，羅克尼的諾特丹足球隊在上半場輸給威斯康辛隊七分。可是他在休息室中一直與隊員們開玩笑，直到進入下半場比賽時，他才大喊；「聽著！」

隊員們驚惶失措地望著他，以為他要把每一個人都大罵一通。

但是羅克尼接下去說：「好吧。小姐們，走吧。」

沒有責備，沒有放馬後炮，也沒有比手畫腳的強調下半場如何踢球。羅克尼的樂觀、豁達，克服了隊員們心理上的障礙，幫助他們忘掉艱難的處境。

他的隊伍在下半場創造了奇蹟，踢出了一連串近乎完美的球。後來羅克尼對採訪他的人說：「不是我贏了。而是我的趣味思考法贏了。因為我知道我們精神上贏了，那麼比賽也贏了。」

幽默作家班奇利，在一篇文章中謙虛地談到他花了十五年時間才發現自己沒有寫作的才能。

結果一位讀者來信對他說：「你現在改行還來得及。」

班奇利回信說：「親愛的，來不及了。我已無法放棄寫作了，因為我太有名了。」這封信後來被刊登在報紙上，成為人們茶餘飯後的笑談。

事實上，班奇利的幽默作品名聞遐邇，但他並沒有指責那位缺乏幽默感的讀者，而是以令人愉悅的、迂迴的方式回答了問題，既保護了讀者的自尊心，也保護了自己的榮譽。

如果你對自己的幽默手法沒有足夠的自信，不妨學學孩子式的幽默。即使在五十歲以後，我們也經常為孩子們天真的幽默所感動。因為他總是以坦誠示人，不會隱瞞任何事實。當他們毫不掩飾地道出心裡想的事實真相時，人們一下子就會喜歡上他們，跟他們在一起會感到輕鬆、愉快。

有一次，李克請幾位朋友來家裡吃飯。朋友來了，妻子要小女兒向客人說幾句歡迎的話，女兒不願意：「我不知道要說些什麼話。」

這時一位來做客的朋友建議：「妳聽到媽媽說什麼，妳就說什麼好了。」

女兒點點頭說：「老天！我為什麼要花錢請客？我們的錢都流到哪兒去了？」

李克的朋友們大笑起來，妻子也不好意思地笑了。

這就是孩子式的幽默。女兒把母親的想法以極純真的方式說了出來，使大人們也不得不認真地檢討自己的想法，同時也減輕了我們對金錢方面的憂慮。孩子式的幽默能使我們顯得格外真誠。

為了取得理想的效果，幽默時要特別注意以下兩點：

一、幽默必須真實而自然

我們經常聽到一些政治家們的幽默言行。他們大多把幽默的力量運用得十分自如，真實而自然。沒有聳人聽聞，也不譁眾取寵，更不是演戲。這是因為他們都知道太精於說笑話，對個人的形象並無幫助。

但有的政治家就不那麼高明了，他們搖頭擺尾、手勢又多又複雜。有的人智力平平，卻非要附庸風雅，企圖以成串的笑料和不自然的笑聲來博得聽眾的歡心。他們硬要把自己塞進別人的肚子裡，不顧別人是不是有這個胃口。結果也許真的引起了笑聲，但很可能是笑他形象的滑稽和為人的淺薄。

芝加哥有個人一心想得到某俱樂部主席的位置。他在一次對俱樂部成員的演說中，表現過了頭，在不到兩小時的演說過程中，他至少說了五十則笑話，並配以豐富的表情和確實引人發笑的手勢。聽眾們被逗得哈哈大笑。在他講完最後一則笑話時，有人大叫「再來一個！」這位老兄也真的再來了一個，再次把人逗得瘋狂大笑。但是他沒有當上俱樂部主席。

他的票數是候選人中的倒數第二。當他悶悶不樂地走出俱樂部時，他問那位喊出「再來一個」的聽眾：「你覺得我比他們差嗎？」

「不，一點也不差，」那人說，「你比他們有趣多了，你可以去當喜劇演員。」

二、敢取笑自己的人才有權利開別人的玩笑

一位作家指出：「笑的金科玉律是，不論你想如何取笑別人，先取笑你自己。」取笑自己的觀念、遭遇、缺點乃至糗事，有時候還要笑笑自己的狼狽處境。想邁進政界的人都要有隨時挨人「打」的心理準備，如果缺乏取笑自己的能力，那麼他最好還是別走這行。

有人對一位公司董事長頗反感，他在一次職員聚會上突然問董事長：「先生，您剛才那麼得意，是不是因為當了董事長？」

董事長立刻回答：「是的，我得意是因為我當了董事長。這樣我就可以實現從前的夢想，親一親董事長夫人的芳容。」

董事長敏捷地接過對方的取笑，讓它對準自己，於是他獲得了一片笑聲。連那位發難的人也忍不住笑了。

許多著名人物，特別是演員，都以取笑自己來達到雙方的溝通。他們可能以自己並不好看的外貌特徵來開自己的玩笑，人們沒有理由不喜歡這樣的人。笑自己的長相，或笑自己做得不太漂亮的事情，會使你變得較有人情味。

如果你碰巧長得英俊或美麗，要感謝祖先的賞賜。同時也不妨讓人輕鬆一下，試著找找自己的缺點。如果你真的沒什麼有趣味的缺點，就虛構一個，缺點通常不難找到。

增強你的幽默感

幽默是精神的緩衝劑。高尚的幽默可以淡化矛盾，消除誤會，使不利的一方擺脫困境。

世界幽默大師蕭伯納有一次在街上被一個騎自行車的人撞倒了。肇事者嚇得六神無主，驚慌之中連忙向蕭伯納道歉，然而蕭伯納卻對他說：「先生，你比我更不幸，要是你再加點勁兒，那會成為撞死蕭伯納的好漢，從此永遠名垂史冊啦！」一句話使緊張的氣氛變得輕鬆起來。幽默，是社交場合裡不可缺少的潤滑劑，可使人們的交往更順利、更自然、更融洽。

幽默是健康生活的調味品。無論在任何場合，只要發現不調和的現象，超然灑脫的幽默態度往往可以使窘迫尷尬的場面在笑語歡聲中消失。夫妻間的幽默還有特殊的功能：在一方心情惡劣或雙方發生衝突時，刺激性的語言無疑是火上加油；喋喋不休的規勸，只會事倍功半。而此時一個得體的小幽默，卻常常能使其轉怒為喜、破涕為笑。

幽默往往是有知識、有修養的表現，是一種高雅的風度。大凡善於幽默者，大多也是知識淵博、辯才傑出、思維敏捷的人。他們非常注意有趣的事物，懂得開玩笑的場合，善於因人、因事不同而開不同的玩笑，能令人耳目一新。

一個人要想培養幽默感，就必須以一定的文化知識、思想修養為基礎，多學習那些詼諧風趣的人開玩笑的方式。性格內向、做事認真呆板的人，要學會欣賞別人的幽默，在社交過程中儘量讓自己輕鬆、灑脫、活潑，想辦法將話說得機智、委婉、有趣。當然，剛開始嘗試時會感到不大自在，但只要我們坦率、豁達地在與朋友的交往中不斷實踐，幽默感便會逐漸增強，使交往更加有趣。善於理解幽默的人，容易喜歡別人；善於表達幽默的人，容易被他人喜歡。幽默的人易與人保持和睦關係。現實生活中常常不乏令人碰得頭破血流仍然得不到解決的問題，這時如果來點幽默，往往能夠得到迎刃而解的契機。使同事之間、夫妻之間化干戈為玉帛。

幽默還能顯示自信，增強成功的信心。信心有時也許比能力更重要。生活的艱難曲折極易使人喪失自信，放棄目標。若以幽默對待挫折，往往能夠重新鼓起未來希望的風帆。真正的幽默是一門學問，是科學，僅僅是引人發笑並不全然是幽默，它需要具備一些素質和特徵。

幽默的前提是諧趣，必然有滑稽的因素，是一種突然的頓悟，是一種愉快感和包含笑聲的具體感受。

幽默的智慧是理智。它能將現實生活的豐富經驗，敏銳的洞察力，廣闊的知識融合起來，表示出現實生活中的特殊矛盾，並從中發掘喜劇情趣，創造出崇高的幽默。

幽默的標誌是高尚。有些自以為幽默的人常將別人拿來作為笑料，以求譁眾取寵，結果往往適得其反。真正的幽默是尊重人、讚美人，將嚴肅的人生哲理寓於滑稽與微笑之中。即使聽起來貶抑偽惡，實質卻是褒揚真善。幽默的高尚正表現在其中。

幽默的價值是審美。美感是人們欣賞審美對象時產生的情感體驗。幽默的美感在於嬉笑戲謔中給人以輕鬆愉悅的感受，反映在靈活的言行及啟迪人的智慧中。美感使得幽默永遠保持雋永迷人的魅力。

幽默能力只有在表達幽默的過程中才能得到檢驗和提高，因而積極實踐至為重要。選擇適當的場合，針對適當的對象，都可顯示自己學習的幽默技巧。但必須注意的是，無論什麼時候，切忌將諷刺等同於幽默。「雅俗共賞，中而不傷」的幽默效果才是我們認真追求的目標。

人們不能夠表現幽默，或僅僅有一點幽默感的原因有兩個方面：

第一，大多數時間裡，他們不欣賞幽默。其他人認為非常有趣的事情，他們往往持相反觀點。

第二，當某些事情看起來對他人非常有趣的時候，他們可能沒有什麼反應。當別人大笑的時候，這個人可能只擠出一絲微笑。這樣的人實際上可能喜歡有趣的笑話，但卻不願意表現出這種心情。

如果你屬於上述兩種情形之一，請立刻改掉。如果你沒有看到其他人表現出來的幽默，就需要提高自己的幽默感。這並不是意味著當其他人大笑的時候，你也隨著附和。當你沒有幽默感的時候，不要偽裝自己，偽裝自己只會顯得愚蠢。

可以嘗試下面的建議，以增強你的幽默感。

一、在困難或錯誤當中努力尋找幽默的因素

例如，如果你發現自己正在推一扇上面寫著「拉」的門的時候，設想如果這一幕出現在連續劇裡該多麼有趣。如果你為自己緊張的音調或結結巴巴而非常尷尬的時候，可以嘲笑自己的狼狽相。你的笑聲會引起其他人的同情，他們會給你機會再努力一次。要認識到，有些時候每個人都會說出與事先計劃不一樣的內容。

二、當你不理解某個笑話的時候，可以向同事請教

承認自己沒看出妙語或理解幽默並不是什麼錯事。例如，當你欣賞周星馳的電影，你可能不理解其中的幽默，這是因為你沒有足夠的知識來理解它。

三、養成看電視喜劇的習慣，而且還要看有趣的電影和戲劇

多看電視喜劇，與其他人討論其中有趣的內容，這些會幫助你增加對幽默的敏感度。當別人大笑而你卻沒有感覺時，就應該努力增強對幽默的反應。簡單來說，就是讓自己能夠更自然地表達出情感。首先，通常當你微笑或偷笑的時候，如果讓自己大聲地笑出來，也許會非常舒服。記住，大聲笑是一種釋放情感的好方法。有過這樣的經歷，你就能夠真正放鬆下來，並可以向其他人表明你同樣具有對幽默的感受。

努力增強幽默感受的時候，記住，笑話是自然而然的。在任何情況下，取笑或貶低別人都不是一種好方法——特別是在工作環境中。

四、在實踐中培養幽默能力

為了在實踐中培養和提高幽默能力，要注意以下幾點：

首先，要仔細觀察生活。尋找喜劇素材需要我們善於變換視角，去發掘和表現這些素材。

其次，要學習幽默技巧。幽默不是天生就會的，是後天學習掌握的。許多關於幽默的書籍和先人的經驗，都為我們提供了不少範例，值得我們廣泛涉獵，借鑑之用。

最後，要敢於表達幽默。幽默能力只有在表達的過程中才能得到檢驗和提升，因而積極實踐至為重要。選擇適當的場合，針對適當的對象，都可顯示自己的幽默技巧。

談吐幽默的方法和技巧

為了便於大家更進一步理解什麼是幽默，以及怎樣才能產生幽默感，下面介紹一些談吐幽默的常用方法和實用技巧：

一、對比是造成幽默的基本方法之一

透過對比可以表示事物的不一致性，使用對比句是逗笑的極好方法。古羅馬政治家西塞羅就常用這一方法，比如：「先生們，我這個人什麼都不缺，除了財富與美德。」

二、反覆也可以成為一種幽默技巧

反覆說同一語句，能夠產生不協調氣氛，從而獲得幽默效果。

三、故意很囉嗦

畫蛇添足也能引人發笑。

四、巧用歇後語

歇後語也是一種轉折形式：它分為前後兩部分，前面部分一出，造成懸念，後面部分翻轉，產生突變，「緊張」從笑聲中得以宣洩。如：「寒流穿短裙——美麗動（凍）人。」

五、倒置作為一種幽默方法，頗為人們推崇

透過語言題材變通使用，把正常情況下的人物關係，本末、先後、尊卑等在一定條件下互換位置，能夠產生強烈的幽默效果。比如語言的倒置：「連說都不會話」。

六、倒引

比較常用的幽默方法是倒引，即引用對方言論時，能以其人之語還治其人之身。如：

老師對吵鬧不休的女學生說：「兩個女子等於一千隻鴨子。」

不久，師母來學校找老師，一個女學生趕忙向老師報告：「先生，外面有五百隻鴨子找您。」

七、轉移也是行之有效的幽默手段

當一句話原本常用於某個意義，而在特定條件下扭曲成另外的意義時，便獲得幽默效果。

八、誇張也是人們常用的幽默技巧

運用豐富的想像，把話說得張皇鋪飾，也能收到幽默效果。

教授：「為了更確切地講解青蛙的解剖，大家請看看這兩隻解剖好了的青蛙，請大家仔細觀察。」

學生「：教授！這是兩塊三明治和一隻雞蛋。」

教授驚訝地說：「我可以肯定我已經吃過午餐了，但是那兩隻解剖好的青蛙呢？」

九、天真也是一付有效的幽默

弗洛伊德就把天真視為最能令人接受的滑稽形式。

一位婦人抱著小孩走進銀行。小孩手裡拿著一塊麵包直伸過去送給出納員吃，出納員微笑著搖了搖頭。

「不要這樣，乖乖，不要這樣，」那個婦人對小孩子說，然後回過頭來對出納員說，「真對不起，請你原諒他，因為他剛剛去動物園。」

語言幽默的方法還有很多，諸如比喻、轉折、雙關、故做曲解、故做天真、諧稱等，也都為人們所喜聞樂見。

僅僅懂得幽默方法還不足以代表富於幽默感，就像有了毛筆不一定就能成為書法家一樣，關鍵在於「運用」。

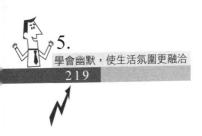

幽默的表現

幽默給人從容不迫的氣度，更是成熟、機智的象徵。你不必為自己的言語貧乏而懊惱，掌握下列幽默的方法，去向別人講述幽默的故事，你也可以成為幽默專家。

一、設置懸念

當你敘述某件趣事的時候，不要急於揭露結果，應當沉住氣，以獨具特色的語氣和帶有戲劇性的情節顯示幽默的力量。在最關鍵的一句話說出之前，應當給聽眾造成一種懸念。

假如你迫不及待地把結果講出來，或是透過表情與動作的變化顯示出來，那就像餃子都破了一樣，幽默便失去效力，只能讓人掃興。

二、加深聽眾的印象

當你說笑話時，每一次停頓，每一種特殊的語調，每一個相應的表情、手勢和身體姿態，都應當有助於幽默力量的發揮，使它們成為幽默的標點。

重要的詞語應加以強調，利用重音和停頓等以聲傳意的技巧，來促進聽眾的思考，加深聽眾的印象。

三、不要引起對方不愉快的聯想或誤會

不管你肚子裡堆滿了多少好玩的笑話和俏皮語言，你都不能為了表現幽默，而不加選擇地一股勁兒地全倒出來。

語言的幽默風趣，一定要根據對象、情況和語境來加以運用，不能使說出的話不合時宜。否則，不但收不到談話所應有的效果，反而會招來麻煩，甚至傷害對方的感情，引起事端。

因此，如果你現在有一個笑語，不管它多麼風趣，如果它有可能會觸及對方某些隱痛或缺陷，那麼還是把它吞回肚子裡去，不說為好。

四、運用幽默不能過度

有些人在說服別人時，運用幽默過多，常常是笑話接笑話，連篇累贅，就像連珠炮一樣。這樣一來，談話內容往往會脫離主題，難以實現說服別人的目的。對方

聽起來，也會感到莫名其妙，不知道你究竟要說什麼，甚至認為你在向他展示幽默才華呢！

五、自己要忍住笑

最不受歡迎的幽默，就是在講什麼笑話之前，自己就先大笑起來，自己先笑就會把幽默給淹沒了。最好的方式是讓聽眾笑，自己不笑。

也就是說，採取一本正經的表情和引入圈套的手法，才是發揮幽默力量的正確途徑。

開玩笑要有分寸

在人際交往中，開個玩笑可以鬆弛神經，活躍氣氛，營造出適於交際的輕鬆氛圍，因而詼諧的人常能受到歡迎與喜愛。但是開玩笑開得不好，則適得其反，傷害感情，因此開玩笑要掌握好分寸。

一、內容要高雅

笑料內容取決於玩笑者的思想情趣與修養。內容健康、格調高雅的笑料，不僅給對方啟迪和精神的享受，也是塑造自己美好形象的絕佳機會。

鋼琴家波奇在一次演奏時，發現全場有一半座位空著，他對聽眾說：「朋友們，我發現這個城市的人們都很有錢，我看到你們每個人都買了兩三個座位的票。」於是所有聽眾放聲大笑，波奇無傷大雅的玩笑話使他反敗為勝。

二、態度要友善

與人為善，是開玩笑的原則。開玩笑的過程，是感情互相交流傳遞的過程，如果藉著開玩笑對別人冷嘲熱諷，發洩內心厭惡、不滿的情緒，那麼除非是傻瓜才識不破。也許有些人不如你口齒伶俐，表面上你似乎佔上風，但別人會認為你不能尊重他人，從而不願與你交往。

三、行為要適度

開玩笑除了可借助語言外，有時也可以透過行為動作來逗別人發笑。

有對小夫妻感情很好，整天都有開不完的玩笑。有天，丈夫正在擺弄鳥槍，對準妻子說：「不許動，一動我就打死你！」說著竟不小心扣動了扳機。

結果妻子被意外地打成重傷。

可見，玩笑千萬不能過度。

四、對象要分清

同樣一個玩笑，能對甲開，不一定能對乙開。人的身份、性格、心情不同，對玩笑的承受能力也不同。

假如對方性格外向，能寬容忍耐，玩笑稍微過大也能得到諒解。假如對方性格內向，喜歡琢磨言外之意，開玩笑就應慎重。若對方平時儘管生性開朗，但此時恰好碰上傷心事，就不能隨便與之開玩笑。相反，若對方性格內向，而正好喜事臨門，此時與他開個玩笑，效果會出乎意料地好。

此外，還要注意以下幾點：

一、和長輩、晚輩開玩笑忌輕佻放肆，特別忌談男女情事

幾輩同堂時的玩笑要高雅、機智、幽默、解頤助興、樂在其中。在這種場合，忌談男女風流韻事。當同輩人開這方面玩笑時，自己以長輩或晚輩身份在場時，最好不要摻言，若無其事地旁聽就是。

二、和非血緣關係的異性單獨相處時忌開玩笑

哪怕是開正經的玩笑，也往往會引起對方反感，或者會引起旁人的猜測非議。要注意保持適當的距離。當然，也不能拘謹彆扭。

三、和殘疾人開玩笑，注意避諱

人人都不喜歡別人用自己的短處開玩笑，殘疾人尤其如此。有時候，說者無心，聽者有意。有缺陷的人往往比常人更敏感，因此和他們打交道的時候尤其要謹慎。

四、朋友正在談話中，忌和朋友開玩笑

人家已有共同的話題，已經形成和諧融洽的氣氛，這時如果你突然介入開玩笑，轉移人家的注意力，打斷人家的話題，破壞談話的雅興，朋友會認為你掃他面子。

五、場合要適宜

美國總統雷根在一次國會開議前，為了試試麥克風是否啟用，張口便說：「先生們請注意，五分鐘之後，我將對蘇聯進行轟炸。」一語既出眾皆嘩然。

雷根在錯誤的場合、時間裡，開了一個極為荒唐的玩笑。為此，蘇聯政府提出了強烈抗議，在莊重嚴肅的場合不宜開玩笑。

總之，開玩笑不能過分，尤其要分清場合和對象。

靠幽默來減少生活中的不愉快

在生活中，難免會遇到各種尷尬的事，這時候如果能夠幽默一下，就能避免窘境，減少不愉快的發生。

一、幽默化解尷尬

有一位叫阿芳的姑娘，雖然沒有出眾的容貌和迷人的身材，但為人性情開朗、正直、幽默，許多人一旦和她交往，往往被她的幽默所吸引，不知不覺地感受到她的魅力。

有一次阿芳參加同學會，和同學們回憶著大學時代的美好生活。不料主人在招呼客人時，不小心將一盆水打翻，全灑在了阿芳的腳上，把她那雙新皮鞋潑濕了。

主人不知所措，顯得十分尷尬。阿芳卻不慌不忙地說：「一般正常情況是洗腳之前先脫鞋。」一句話，使滿屋的人都笑了起來，難堪的氣氛也一掃而空，大家更加佩服阿芳。

在社交場合，說話帶些風趣和幽默更能表現出一個人的修養和禮儀，也表現出其人格魅力。

在生活中，可依靠幽默化解尷尬的情況非常多，比如某高校一位嚴姓古漢語教師，學識淵博，治學嚴謹，教學時嚴格訓練，嚴格要求。

有一天，當他走進課堂，見黑板上赫然寫著「嚴可畏」三字。老師不慍不怒，只見他停下來，對學生朗聲說道：「真正可畏的是你們！」學生們一時不知所措。

嚴老師接著說：「不是嗎？後生可畏嘛！為了讓你們這些後生真的可畏，超過我們這些老朽，我這嚴老師怎可名不副實呀！」現場當然掌聲笑聲不斷。

由「嚴可畏」三字，嚴老師準確地捕捉到學生們因嚴格訓練、嚴格要求而生的「積怨」與「不滿」，先是冷靜地予以寬容，進而曲解「可畏」二字，並且一語雙關，含蓄幽默地表達出必須「嚴」的道理以及要繼續「嚴」下去的決心，既寬容有度，又嚴格適中。

二、幽默化解別人的指責

一個冬晨，郊區開來的火車到站又晚了二十五分鐘，一位常遇見這種情形的旅客問列車長，這次又是什麼緣故。

列車長說道：「碰到下雪，火車總難免誤點的。」

「可是今天並沒有下雪啊。」旅客說。

「不錯，」列車長說道，「可是，根據天氣預報今天下雪。」

雖然列車長並未回答旅客的問題，但相信聽了列車長的話，旅客一定生氣不起來了，這就是幽默的力量之一。

下面這個例子也是用幽默化解指責的經典之作。將本來只適合於某種場合說的話，移植到該場合來說。故意張冠李戴，但語意翻新。

在美國一所學校裡，一位女教師在課堂上提出問題：「『要麼給我自由，要麼讓我死』，這話是誰說的？」

教室裡鴉雀無聲，女教師表情顯得非常失望。這時，有人用不熟練的英語答道：「一七七五年，美國國務卿巴特利克．亨利說的。」

「對，同學們，剛才回答的是一位日本同學。你們生長在美國卻回答不出來，而來自遙遠的日本的同學能回答，多麼可憐喲！」

這時，從教室的一角突然發出一聲怪叫：「把日本人幹掉！」女教師聽到叫聲，氣得滿臉通紅，大聲問道：「誰?這話是誰說的？」靜了一會兒，教室的一角有人答道：「一九四五年，杜魯門總統說的。」一九四五年杜魯門總統對日作戰宣言，可說是美國人的精神原子彈。妙的是，那位學生引用得非常貼切。

三、用幽默化解矛盾

記得一位幽默大師曾說過這樣一句話：「懂得幽默，能說幽默話語的男人是最佳男人，長得醜一些是無所謂的。」幽默是一個人內在氣質的表現，一個人內在氣質的美，勝過外表的美。無論何人，只要充分運用自己的睿智，隨機應變，用幽默的言辭緩和窘境，這就是一種成功。它能化衝突為喜悅，變危機為幸運，即使在充滿火藥味的場合，也可以成為最佳的緩和劑，幫助你擺脫困境。

小周駕駛的小貨車載人又裝貨，在公路上行駛，邊跑邊聽音樂。後面來了一輛小車，想超車，按了幾次喇叭。由於行駛的小貨車上噪聲很大，小周和同伴都沒有聽見，他們的車把小車擋了好長一段路。

突然小車有機會超車了，便在小周的前面停下擋住了去路。小車上的幾個人都下車又是指責又是罵。小周的夥伴們也不示弱，眼看就要打起來了。

這時小周很冷靜，他下車走上前去，邊脫衣服邊大聲說：「各位，我今日雖然不是有意擋住你們，但是給大家帶來了麻煩，該打。我脫了衣服，讓你們方便，只求你們打輕點，別打臉，打快點，打好了大家好趕路。」

小周這麼一說，反而把大家逗笑了。大伙都說算了，各自離開。

小周利用以柔克剛之法，將責任攬到自己頭上，話含幽默，又透出真誠，從而化解矛盾。

四、幽默化解「牛皮吹破」的局面

在社交場合，幾乎每個人都會不由自主地吹幾句牛皮或說些無關緊要的謊言，如果當場露餡，處理不好，往往是很尷尬難堪的，遇到這種情況該怎麼辦呢？有人採用裝傻的辦法常常能順利過關。一個人常向人們吹噓自己是個打獵高手，長篇大論地談論自己高明的槍法。

一天，他和朋友去打獵，朋友指著河裡一隻野鴨請他開槍。他瞄了一下扣動扳機，但沒有打中，野鴨飛走了。

朋友為他難為情，他卻毫不介意，對朋友說：「真怪！我還是第一次看到死鴨子能飛呢！」

朋友聽了捧腹大笑。

有時最高的智慧在於裝傻。不必真是癡，看來像就可以了。這種技巧最為簡單：把你的聰明放著，像個傻瓜一樣。言語交際中，故意說癡言呆語，會使你的語言幽默風趣，妙趣橫生，創造輕鬆、活潑、詼諧的交際氛圍。故意說一些癡言呆語會讓人詫異，感到荒唐至極，瞬間思考後便恍然大悟，覺得巧妙絕倫，諧趣無窮，發出會心的微笑，讚美說話者超人的智慧和高雅的幽默。

6.

注重品德，樹立人格魅力

思想品德是人的內在品質，最能表現人的基本素養和做人的水準。一直以來，世人評價一個人的時候，就非常看重他的為人修養和道德品行。追求良好的品格和修養，就是追求個人卓越與人際卓越，就是為了為人處世和自我發展奠定成功的基礎。

避免偏見，寬待每個人

每個人都可能患上偏見的疾病，只不過程度輕重不一。偏見是根據自己所得到的一點點訊息，憑主觀的想像，甚至已有的經驗和邏輯，編故事似地給對方刻劃出一個形象，甚至由此去推知他的過去和將來。

和一個人初次見面，對方穿著隨便，談吐粗俗，你很可能會認為對方是一個沒文化、缺乏教養的人。當然你可以這麼認為，但如果你進而認為他辦事肯定不認真，而且自私，以致於以後不願和他進行任何合作，那麼就過分了，就變成了一種偏見。

有這種思維方式的人很容易失去很多機會，因為每個人都有優點和缺點，我們和人交往、合作，不能總帶著偏見的眼光去看待別人。

很多人會以第一印象輕易判斷一個人，透過第一印象中的訊息來判斷一切，這顯然是一種以偏概全的錯誤。見到屬下上班遲到一次就認為他工作偷懶，也不問遲到的原因；見到一個人點頭哈腰地為主管打開車門，就認為此人肯定只會拍馬屁，沒什麼本事。似乎在他眼裡，每個人都能簡單地而且迅速地分類，有什麼樣的言行就肯定是什麼樣的人。

對人產生偏見，結果往往是對自己不利。因為對人有偏見，很容易被對方察覺，一旦別人感覺到你對他有偏見，很可能會產生牴觸情緒。如果你們是同事，那麼麻煩就來了，要合作肯定是不可能的了。所以一次偏見就等於少了一個合作夥伴，甚至少了一個可能的朋友。

想消除偏見，我們就得設法改變自己的思維模式。首先要使自己堅信每個人都是有優點和缺點的，和人交往要盡可能地多看優點，少看缺點，能以這樣的態度去交際，就會感到這世界很美好，肯定能寬容地對待每個人。

表現出對每個人的尊重

當你只和一個人交談時，關注你的談話夥伴並非難事。而若你同時和一群人談話，要給予每一位談話夥伴應得的重視，並把所有談話夥伴都當作特殊人物來對待，那難度就高得多了。

同時與多人談話時，當然不可能把你的時間和注意力平均分配給在場的每個人，而且一定有某些人是你需要特別重視並想特別關照的。

但尤其是在這種場合裡，每個人都會特別注意到你對他的重視程度；每個人都希望你在大家面前表示出對他的尊敬和重視，給足他面子。要是你忽視了他，這份在眾人面前的怠慢和輕視會讓他大感失望。

所以，這種場合下你也要把每個人都視為獨立的個體，而不是群體中的一員。

對他們的態度不能有厚此薄彼的差別。請讓每個人都明白，你在注意他並尊重他，別讓任何人感到你對他的尊重程度不如對別人。

切記的是不要心不在焉，別只顧周旋於主要客戶之間而忽視了隨行人員。當你和重要客人的談話結束時，不要就此大鬆一口氣，開始漫不經心，請也給在場的其他人一份關注和照顧。

談話時，請直接與每個人交流，與每個人交換眼神。

很多人在場時，請不要只跟其中幾個人講話，而把其他人排除在談話圈子之外。如果沒有特別原因，請不要談論多數人不感興趣、無法插話的話題，也不要進行令多數人興味索然的爭論。

別讓自己被某位有演講慾的顧客牽著鼻子走。要是他滔滔不絕，不給其他人說話的機會，你就不要再向他提問或詳細回答他的問題，否則他會更加沒完沒了。你可以禮貌但簡潔地回答：「這個想法確實不錯。」然後稍作停頓，再開始一個與此有些聯繫的新話題。說話時，請看著在場的人員，用目光鼓勵其他人也加入發言。向那些一直沒有機會發表意見的人提出問題，這會讓他們感受到你的細心和周到。

對任何人都不能顯得冷淡，更不能故意背對著人家。要是有新來的人加入會談，請注意為他騰出座位，別冷落了他們。

請不要讓對方覺得，你在尋找比他更有趣的談話夥伴。由你開頭的話題，就要認認真真地進行到底，別在他面前頻頻掉轉頭去，顯出對他的話沒有興致的樣子。也不要讓人覺得你老在張望門口或打量整個屋子，或是盯著牆壁發愣。

大家聊的正開心時突然進來一位新的談話夥伴，這是常有的事。此時，若是能夠費點心，讓新加入者馬上融入討論，則可以表現出你的一片好意。請熱情地注視新到場的客人，用微笑向他表示歡迎。若剛好你的話正說到一半，請不要立即自顧自繼續講下去，可以藉此機會用一兩句話把正在討論的話題簡要地告訴新來者：「我們正在說……」

這樣做，等於幫了他一個大忙，他不會對你們的談話內容摸不著頭緒，無需花時間去猜測或向左右打聽。你也向他的到來表示了歡迎，正式發出參與談論的邀請，他也不必謙恭地沉默片刻才敢發言。

為了避免顧客有被冷落的感覺，準備工作要充分。和客戶開會時要帶上足夠多的資料分發給與會者，別讓一部分人空著手乾坐著。最好是多帶幾份資料，以備不時之需。

問候他人要周到細心。應熱情地問候每個人。如果可能，要跟所有在座者握手，不要只因為有些人離你稍遠些或職位稍低，你就忽略了他們。甚至尤其在此時，你更要專程上前招呼。正因為人們知道大多數人怕麻煩，不會特意這樣做，你不嫌麻煩的舉動就更顯突出，能得到對方的欣賞。

在道別時，這些禮儀規矩也很重要。如果道別時被你忽略，對方可能留下你認為他無足輕重的印象，別冷落任何人。

犯了錯誤就坦率地承認

常言道，智者千慮，必有一失。人再聰明，都有犯錯誤的時候。人犯錯之後往往有兩種態度，一種是打死不認帳，另一種坦率地承認。

這是從表面上看，採用拒不認帳的方法，好處在於不為後果負責，就算要負責，也把相關的人都包括在內，誰也逃脫不了關係。這樣一來，能推就推，能躲就躲，保住了面子，又避免了損失。實際上，你既然已經犯了錯誤，硬不認帳的結果是弊大於利。首先，你鑄成的大錯是人盡皆知的，你的抵賴只能讓人覺得你臉皮也太厚了。如果人證物證俱存，責任又逃避不了，你再抵賴也只是枉費心機。如果是雞毛蒜皮的小錯，那就更不用抵賴，頑固會造成同事心目中更壞的印象，那才真是得不償失。你敢做不敢當的印象形成後，主管肯定不敢再用你；同事也不敢與你合作，怕你故技重施，有朝一日也拉他下水。而且你一旦拒不認錯成了習慣，那還談得上培養解決問題的能力嗎？——你真認為自己沒錯嗎！

第二種態度是坦率地認錯。承認錯誤，就有可能承擔責任，獨吞苦果。但在絕大多數的情況下，別人都不會太過苛責，既然你都認錯了，還要如何？況且認錯本身就是替主管分擔責任，主動取咎，主管再抓住你不放，顯然有損他的形象。

坦率認錯的好處，首先在於為自己樹立敢做敢當的形象。承擔責任，不推諉過失，主管放心，下屬尊敬，同事喜歡，認個錯又有什麼大不了的呢？其次要勇敢地面對錯誤，今後才能避免，從而藉機提高自己的能力，讓錯誤成為上進的磨刀石。還有，你的坦率承認，雖然得到了主管的訓斥，卻也使你在無形中處在受難者的地位，而眾人心理上往往是同情受苦受難者的，你獲得的是人心。既然挨了訓，主管再罰你也不至於太狠，人畢竟都有同情心。

一七五四年，華盛頓還是一位上校，率領屬下駐守在亞歷山大。有一次維吉尼亞議會選舉議員時，一位名叫威廉•佩思的人反對華盛頓所支持的候選人。

據說，華盛頓與佩思在某個關於選舉的問題上發生了激烈的討論，他說了一些冒犯佩思的話，佩思一拳把華盛頓打倒在地。華盛頓的屬下馬上趕了過來，準備替長官報仇。華盛頓當場予以阻止，並勸他們返回營地。

第二天一早，華盛頓遞給佩思一張便條，要求他儘快到當地的一家小酒店去。佩思如約到來，他是準備來進行一場決鬥的。令他感到驚奇的是，他看到的不是手槍而是酒杯。

華盛頓說：「佩思先生，犯錯誤乃人之常情，糾正錯誤是件光榮的事。我相信昨天是我不對，你已經在某種程度上得到了滿足。如果你認為到此可以解決的話，那麼我們就握握手，交朋友吧。」

從此以後，佩思便成了一個熱烈擁護華盛頓的人。

所以，人不怕犯錯，就怕犯了錯以後不認不改。坦率的承認，並想辦法補救，在今後的工作中加以改進，誰都不得不承認你是一個不錯的人呢！

得體的行為舉止和風度儀表最能塑造魅力

有些人認為，一個人的行為舉止、外在儀表無關緊要。事實上並非如此，在現實生活中，一個人的舉止是否優雅，言行是否得體，對於一件事情的成敗往往有直接影響。

一位哲人說：「高尚的品德一旦與不雅的儀表舉止連在一起，也會使人生厭。」無疑地，優雅的行為舉止能使社會交往更加輕鬆愉快，從而有利於事情的成功。

一個人的行為舉止與別人對他的尊敬息息相關，在管理支配他人時，行為舉止常常具有更大的作用。熱情友好、彬彬有禮的言談舉止，無疑會使人通體舒暢，在這種友好的交往中，成功往往就會到來。

也就是說，親切友好的行為舉止會有助於事業成功。與此相反，不良的行為舉止、粗魯庸俗的言語，只會使人頓生厭惡之感，這樣一來，什麼生意都做不成。第一印象特別重要，而一個人是否客氣有禮貌，是否謙恭有禮，往往對第一印象有十分重要的影響。

友善的言行、得體的舉止、優雅的風度，這些都是走進他人心靈的通行證。態度生硬、舉止粗魯的言行舉止只會使人倍生厭惡之情，因此這種人在生活中必定處處碰壁，處處令人生厭，就像過街的老鼠一樣，使人渾身不快。

一位英國學者指出：「在一定的程度上可以說，一個人的行為舉止正反映出他的內在品格。」也就是說，一個人外在的行為舉止是其內在本性的表現。

它反映出一個人的興趣、愛好、情感世界、性格性情以及他早已習慣了的社會習俗等等。這些經過長期自我修養、自我教育而養成的個人行為方式，乃是一個人本身性格、氣質、稟性的綜合反映，因而這些與個人內在本性相關聯的儀表風度以及待人接物的方式、方法，就具有不可小覷的意義。

優雅的行為舉止在很大程度上，根源於謙恭有禮和善良友好。從外表上看，禮貌乃是一種表現或交際形式，從本質上講，禮貌反映著自己對他人的關愛之情。也許一個人並沒有必要對他人表示關愛，但他卻對別人十分禮貌。

優雅的舉止與得體的行為，並沒有什麼本質的區別，二者是一致的。有人說：「漂亮的體型比漂亮的臉蛋要好；優雅的行為舉止要勝過婀娜多姿的身段；優雅的舉止是最好的藝術，它勝過任何著名的雕塑或名畫。」

真正的禮貌必然源自忠誠、出乎內心，不然就不會產生持久而深刻的印象。缺乏真誠的優雅是不存在的。粗魯的言行、粗暴的性格與優雅的行為風馬牛不相及，優雅的行為舉止乃是人性的自然流露。

真正的謙恭有禮必出自善良。心地善良的人，必然樂於助成他人的幸福，不願意讓別人痛苦或煩惱。正如友好和善意一樣，謙恭有禮自然讓人感到輕鬆愉快，謙恭有禮與友善的行為總是合二為一、不可分離。

真正的謙恭禮貌總是特別表現在對別人人格的關心這一點上。如果一個人希望別人尊重自己，他就要善於尊重他人的人格。

他應該注意關注別人的思想觀點，即使別人的思想觀點與自己的相左，也要善於容納。真正有禮貌的人總是尊重他人的意見和看法，從不強求他人的意見與自己一致，有時他得控制自己的情緒，壓制自己的不同意見、虛心聽取他人的想法。

他應該寬容，善於忍耐、克制，避免作任何尖刻的評論；任何偏激的言辭、尖刻的評論，總會招致別人對自己同樣的言行偏激與尖刻評論。

有些沒有修養、舉止粗魯、容易衝動的人根本就不會尊重別人，他們只知道一味地放縱自己的言行，寧可失掉朋友，也不去收斂放蕩言行。這種只知道一時自我滿足，而不顧及別人人格的人，總是得罪自己的朋友，因此這種人是名副其實的蠢人。

儘量理解和通融，顯示寬廣的胸襟

在日常生活中，難免會發生這樣的事：親密朋友，有意或無意做了傷害你的事，你會寬容他，還是從此分手，或待機報復？有句話叫「以牙還牙」，分手或報復似乎更符合人的本能。但這樣做了，怨會越結越深，仇會越積越多，真是冤冤相報何時了。如果你在切膚之痛後，採取別人難以想像的態度，寬容對方，表現出別人難以達到的襟懷，你的形象瞬間就會加分了許多。你的寬宏大量、光明磊落，使你的精神達到了一個新的境界，你的人格折射出高尚的光彩。寬容這種美德，受到了人們的推崇，也越來越受到人們的重視和青睞。

寬容是解除心結的最佳良藥，寬廣胸襟是交友的上乘之道，寬容能使你贏得友誼。

一般人總認為，做錯了事要得到報應才算公平。但英國詩人濟慈說：「人們應該彼此容忍。每個人都有缺點，在他最薄弱的方面，每個人都能被切割搗碎。」

每個人都有弱點與缺陷，都可能犯下各式各樣的錯誤。肇事者要竭力避免傷害他人，但當事人則要以博大的胸懷來寬容對方，避免怨恨和消極情緒產生，消除人為的緊張，癒合身心的創傷。

美國第三任總統傑佛遜與第二任總統亞當斯從交惡到寬恕，就是一個生動的例子。傑佛遜在就任前夕到訪白宮，他想告訴亞當斯，他希望針鋒相對的競選活動並沒有破壞他們之間的友誼。但據說傑佛遜還來不及開口，亞當斯便咆哮起來：「是你把我趕走的！是你把我趕走的！」從此兩人長達數年再也沒有交談。

直到後來傑佛遜的鄰居去探訪亞當斯，這個好強的老人仍在訴說那件難堪的事，但脫口說出：「我一直都喜歡傑佛遜，現在仍然喜歡他。」

鄰居把這話傳給了傑佛遜，傑佛遜便請了一個彼此皆熟悉的朋友傳話，讓亞當斯也知道他也很想念這份深重的友情。後來，亞當斯回了一封信給他，兩人從此開始了美國歷史上最偉大的書信往來。

這個例子告訴我們，寬容是一種多麼可貴的精神，高尚的人格。寬容意味理解和通融，是融合人際關係的催化劑。寬容還能將敵意化解為友誼。

戴爾・卡耐基在電台上介紹《小婦人》的作者時，心不在焉地說錯了地理位置。其中一位聽眾很生氣地寫信來罵他，把他罵得體無完膚。

他當時真想回信告訴她：「我把區域位置說錯了，但從來沒有見過像你這麼粗魯無禮的女人」。但他控制住自己，沒有向她回擊，他鼓勵自己將敵意化解為友誼。他自問：「如果我是她的話，也會像她一樣憤怒嗎？」他儘量站在她的立場上來思索這件事情。他打了個電話給她，再三向她承認錯誤並表達道歉。這位太太終於表示了對他的敬佩，希望能與他進一步深交。寬容具有這樣巨大的力量，我們怎樣培養這種寬容的性格特點，去理解別人呢？

一、對傷害了自己的人表示友好

寬容是一種博大的心胸，是一種境界，是一種優良的人格表現，對曾經有意無意傷害過自己的人要有寬容的精神。這樣做雖然困難，但更能反映出寬大胸懷和雍容大度。用你的體諒、關懷、寬容對待曾經傷害過你的人，使他感受到你的真誠和溫暖。也許有人會說，寬容別人是否證明自己放棄原則，太軟弱了？其實寬容是堅強的表現，是思想的昇華。

二、容忍並接受他人的觀點

人們都希望和那些懂得容忍自己的人相處，而不希望和那些時刻要對自己說三道四、橫挑豎揀的人待在一起。專門找別人麻煩，時常教訓別人的「批評家」，絕對不會有什麼朋友的。另外，根據自己所確立的倫理和宗教標準，去要求別人投自己所好，這種人誰見了都會退避三舍。而那些能容忍和欣賞別人以本來面目出現的人們，往往具有促使人積極向上的力量。你若想和人友好相處，就要尊重對方的人格和優點，容忍對方的弱點和缺陷，切莫試圖去指責或改變對方。

三、發現並承認他人的價值

容忍他人的不足和缺陷比較容易，困難的是發現並承認他人的價值，這是一種更為積極的人生態度。只要樂於尋找，一定能找出他人身上許許多多優點和長處，能發現和承認他人的長處，那就實現了人生價值的全部意義。只有既能容人之短，又能容人之長，才更顯出胸懷的寬闊、人格的高尚。

對競爭採取更寬厚的態度

現代社會到處都充滿了競爭。對許多人來說，「競爭」這個字眼帶有反面的含意，它可能暗指不正直的行為，隱瞞重要的訊息，利用別人的單純和信任、或某種不公平的方式使用競爭手段。

人類行為學專家們所做的研究，證實了競爭和獲勝的重要性。他們斷言：「獲取勝利在一場遊戲、一項運動或任何事情中，對於一個人的自尊心和健康，都具有意義深遠的積極影響。」

他們認為：獲取勝利不僅影響一個人現實的生活品質，而且同樣會改變他對未來的生活態度。取勝能建立人的自信心，鼓起高昂的志氣。取勝本身就是一種獎勵。

他們還注意到在童年時代的競爭中所要求具備的訓練和努力，乃是對以後生活中真正的競爭作準備。而且，這種奮鬥的態度可以擴展到其他領域，提高一個人克服自身侷限，去爭取更大成就的興趣。按照他們的說法，「似乎每個人都有拚搏獲勝和考驗自身才能的需要。」

對於「富競爭性」這個概念，需要一個更人道主義的定義，這個定義包含著對理想主義準則的強調。

競爭與欺騙人無關，事實上，參加競爭可以是一種豐富的經驗，每個身在其中的人，都會盡最大努力，首先與自己競爭，並體驗到社會責任感和對他人關心的意識。

成功者懂得，處在頂峰時，天地是廣闊的

我們大多數人在感到恐懼、不知所措和工作過度時，就有一種忘記個人的自身價值和成就的傾向。

我們開始對同事和鄰居感到妒忌，忘了自己也有價值，也有獲勝的能力。我們抬高別人而否認了自己的美德和長處，我們過分嚴厲地苛責自己，把自己的行為消極地與別人相比。這種過分的自責導致了能力不足的自我感覺，和對自身價值的貶低。

當你對自己積極肯定時，就會有一個更強大的自我形象，你對自己的肯定將加強自信心和自我安全感，並賦予你一種更加關心他人的內在基礎。於是，你拚搏獲勝的定義就包括了：全力以赴，使自己富有競爭精神，再把自己的才能發揮到極

限，不遺餘力去奮鬥追求，並同時懷著溫暖的情誼，給予身邊的人以博愛。

成功者努力尋求一種對競爭者更寬厚的態度。因為他們知道：既有使自己出類拔萃的機會，也有使別人成就卓著的領地。由於他們主要是和自己競爭，所以成功者從不為了樹立個人威望而對人敵視、不友好或貶低他人。

提醒自己，要從長遠處著眼；不要靠著利用別人或把別人引入歧途，去取得一時的勝利；不要奪人之功；不要企圖靠暗箭傷人去謀取利益。要記住：你是個高度自尊的人，不要為一時的利益，去敗壞自己的身價和個人自尊心。

TALENT TOOL

大大的享受拓展視野的好選擇

大拓 Talent Tool

永續圖書線上購物網
www.foreverbooks.com.tw

謝謝您購買 職場真麻煩：做人比做事難 - 修訂版 這本書！

即日起，詳細填寫本卡各欄，對折免貼郵票寄回，我們每月將抽出一百名回函讀者寄出精美禮物，並享有生日當月購書優惠！

想知道更多更即時的消息，歡迎加入"永續圖書粉絲團"

您也可以利用以下傳真或是掃描圖檔寄回本公司信箱，謝謝。

傳真電話：（02）8647-3660　　信箱：yungjiuh@ms45.hinet.net

☺ 姓名：　☐男　☐女　☐單身　☐已婚

☺ 生日：　☐非會員　☐已是會員

☺ E-Mail：　電話：（　）

☺ 地址：

☺ 學歷：☐高中及以下　☐專科或大學　☐研究所以上　☐其他

☺ 職業：☐學生　☐資訊　☐製造　☐行銷　☐服務　☐金融
☐傳播　☐公教　☐軍警　☐自由　☐家管　☐其他

☺ 您購買此書的原因：☐書名　☐作者　☐內容　☐封面　☐其他

☺ 您購買此書地點：　金額：

☺ 建議改進：☐內容　☐封面　☐版面設計　☐其他

您的建議：

廣告回信
基隆郵局登記證
基隆廣字第57號

新北市汐止區大同路三段一九四號九樓之一

大拓文化事業有限公司收

請沿此虛線對折免貼郵票，以膠帶黏貼後寄回，謝謝！